Systematische Bestimmungstafeln

von

Deutschlands wildwachsenden und cultivirten

Holzgewächsen

und

den für sie wirklich schädlichen Insectenarten.

Ein Leitfaden

auf Excursionen für Forstleute und alle Baumzüchter

von

Dr. Ferdinand Senft,

Professor der Naturwissenschaften an der Grossherzogl. Forstlehr-Anstalt und ... ealgymnasium
zu Eisenach etc. etc.

Springer-Verlag Berlin Heidelberg GmbH
1868

ISBN 978-3-642-98226-2   ISBN 978-3-642-99037-3 (eBook)
DOI 10.1007/978-3-642-99037-3
Softcover reprint of the hardcover 1st edition 1868

Vorrede.

Obgleich mit ausführlichen und zum Theil vortrefflichen Pflanzen- und Insecten-
kunden reichlich versorgt, fehlt es, — soviel mir bekannt ist, — dem practischen
Baumzüchter doch an einem Leitfaden, mittelst dessen er auf Excursionen leicht und
rasch die ihm vorkommenden Holzgewächse und die an denselben schädlich auftreten-
den Insecten untersuchen kann. Dieser Mangel sowohl, wie auch der Wunsch, jungen
Forstleuten, — namentlich meinen Zuhörern an der Forstlehranstalt zu Eisenach, —
ein Erleichterungsmittel für ihre botanischen und insectologischen Wiederholungen und
Untersuchungen in die Hand zu geben, veranlassten mich, die beifolgenden dendro-
logischen und insectologischen Bestimmungstafeln zu veröffentlichen.

Der Zweck dieser Bestimmungstafeln ist demnach ein doppelter:

> Einerseits sollen sie für den excursirenden oder reisenden Forstmann und
> jeden Baumzüchter einen leicht zu transportirenden und in seinen Theilen
> leicht zu übersehenden Leitfaden bei Untersuchungen und Bestimmungen von
> Holzgewächsen abgeben und andererseits sollen sie für den angehenden, —
> sich vielleicht zum Examen vorbereitenden, — Forstmann ein Erleichterungs-
> mittel seiner botanischen und insectologischen Wiederholungen bilden.

Um diese beiden Zwecke auf die einfachste Weise zu erreichen und um zugleich
auch diese Tafeln für diejenigen, welche ohne botanische und insectologische
Vorkenntnisse dieselben mit gutem Erfolge benutzen wollen, übersichtlich und
brauchbar zu machen, hielt ich es für nothwendig, den Bestimmungstafeln selbst erst
eine kurze, bündige Erklärung der für die Unterscheidung und Bestimmung von Pflanzen
und Insecten wichtigen Körpertheile und der gebräuchlichsten Systeme vorauszuschicken,
ohne auf weitere wissenschaftliche Erörterungen einzugehen, zumal da diese Erklärungen lediglich nur für das Verständniss der in den Bestimmungstafeln selbst gebrauchten Ausdrücke berechnet sind. Uebrigens möge hier die Bemerkung erlaubt
sein, dass ich mich für die Botanik namentlich der in Kochs Flora von Deutschland, einem allgemein gekannten und anerkannten Werke, gebrauchten Ausdrücke
bedient und in der Insectenkunde den Meisterwerken Ratzeburgs („die Forstinsecten"
und „die Waldverderber") angeschlossen habe.

Eben der leichteren Handhabung wegen ist auch das Ganze in zwei Abschnitte, deren ersterer die Bestimmung der Holzgewächse, der zweite aber die Uebersicht der für die wichtigeren Holzgewächse wirklich schädlichen Insecten umfasst, getheilt worden.

1. Was nun zunächst die botanischen Bestimmungstafeln betrifft, so wird die Handhabung derselben sehr erleichtert, wenn man sich vorher mit der Beschreibung der in der Einleitung angegebenen Körpertheile und Systeme vertraut macht.

Dem Nichtbotaniker rathe ich daher, sich vor dem Gebrauche der Tabellen zuerst

    a) für die Blüthenstände: mit der Untersuchung eines Jelängerjelieber (Köpfchen), Epheu oder Cornus mascula (Dolde), einer Ulme (Büschel oder Knäuel), einer Haide (Aehre), einer Sahlweide (Kätzchen), einer Johannisbeere (Traube), eines Traubenholunders (ästige Traube), einer Eberesche (ästige Doldentraube), einer Syringe (Rispe oder Strauss), eines gemeinen Holunders (Trugdolde);

    b) für die Blumentheile: mit der Untersuchung einer Kirschen-, Apfel- oder Birn-, Linden-, Ahorn-, Ulmen-, Eschen-, Weiden-, Malven-, Akazien-, Fingerhutblüthe

zu beschäftigen und überhaupt sich in der Aufsuchung von, ihm schon hinreichend bekannten, Holzgewächsen nach den vorliegenden Tafeln zu üben.

Will man nun nach den botanischen Tafeln selbst untersuchen, so hat man zuerst die über jeder Tafel angegebenen Klassenmerkmale, dann die in der ersten, vornanstehenden, Rubrik bezeichnete Lin.-Ordnung und endlich den in der zweiten, vorstehenden, Spalte angegebenen „allgemeinen Blumencharakter" mit den Blumentheilen des vorliegenden Holzgewächses zu vergleichen. Hat man diese Merkmale alle festgestellt, dann ist die Auffindung der Arten leicht an den, in den einzelnen, aufeinander folgenden Spalten, angegebenen Merkmalen aufzufinden, zumal wenn man sich vorher nach der Einleitung („Körperglieder") recht vertraut mit den Erklärungen dieser Körperglieder gemacht hat.

Endlich sei noch die Bemerkung gestattet, dass in die folgenden botanischen Tafeln auch solche fremdländische Holzgewächse mit aufgenommen worden sind, welche theils forstlich cultivirt werden, theils so häufig in öffentlichen Anlagen oder Gärten vorkommen, dass man sie kennen lernen muss. Um aber dem etwaigen Vorwurfe, dass diese Gewächse in eine Zusammenstellung von Deutschlands Holzgewächsen eigentlich nicht gehören, zu begegnen, will ich nur bemerken, dass gar viele derselben, so die Syringe, die Rosskastanie, die Akazie oder Robinie, die Weimouthskiefer, die Pyramidenpappel u. s. w., soweit verbreitet in Deutschland oder auch so mannigfach verwildert vorkommen, dass sie wenigstens als „eingebürgert" zu betrachten sind. Zudem sind alle die, in diese Tabellen aufgenommenen, fremdländischen Gewächse durch kleinere Schrift markirt worden.

2. In Beziehung auf die Benutzung der Insectentafeln hielt ich es für gut, die schädlichen Insecten nach den Baumarten und den Körpertheilen dieser letzteren, an welchen die angegebenen Insecten schädlich auftreten, zu ordnen.

Findet man nun an einem Baume ein Insect in grosser Menge, so hat man nur diejenige Tafel vorzunehmen, auf welcher der Baum des zu untersuchenden Insectes angegeben ist, und dann weiter auf dieser Tafel den, in der voranstehenden Spalte näher bezeichneten, Körpertheil, an welchem das Insect n a g e n d getroffen wurde, aufzusuchen, um hier die kurze Charakterbeschreibung des vorliegenden Insectes und seinen Namen zu finden. — Um nun aber dem N i c h t i n s e c t o l o g e n das Aufsuchen der schädlichen Insecten nach den vorliegenden Tafeln zu erleichtern, wurde es für zweckmässig gehalten, zuvor erst in der kurzen einleitenden Uebersicht das Wichtigste über den Körper der Insecten, über die Merkmale, an denen man das Vorhandensein von Insecten im Innern von Baumtheilen erkennt, und über die systematische Eintheilung der Insecten mitzutheilen. Hat sich nun der Nichtinsectolog mit diesen Aufgaben etwas vertraut gemacht, so wird ihm das Untersuchen von Insecten nach den vorliegenden Bestimmungstafeln nicht schwer fallen.

Mit dem herzlichen Wunsche, dass die vorliegenden Bestimmungstafeln einem wirklichen Bedürfnisse abhelfen und dem Practiker auf seinen Wanderungen durch das Gebiet der Wälder nützlich sein mögen, empfehle ich dieselben der gütigen Aufnahme und Beurtheilung aller Baumzüchter.

Eisenach, Juni 1868.

Dr. Ferdinand Senft.

Körperglieder

der

sichtbarblüthigen Gewächse.

———

Jedes sichtbarblüthige Gewächs zeigt im Verlaufe seiner Entwickelung zweierlei Körperglieder, nemlich:

I. solche, mittelst deren das Pflanzenindividuum seine schon vorhandenen Körperglieder ernährt, entwickelt und zur Erzeugung neuer Glieder tauglich macht: **Erhaltungs-** oder **Ernährungsglieder.** Zu ihnen gehören:

Wurzel, Stamm, Blätter;

II. solche, mittelst deren das Pflanzenindividuum:

   a) die Glieder seines eigenen Körpers durch neue vermehrt oder ersetzt: **Vermehrungsglieder:**

Knospen, Knollen, Zwiebeln;

   b) ganz neue, selbständig für sich bestehende, Individuen seiner Art erzeugt, (also die Individuen seiner Art vermehrt): **Fortpflanzungsglieder:**

Blüthe mit Frucht.

Unter diesen Gliedern sind für die Unterscheidung und Bestimmung der Holzgewächse die Blüthen, Früchte und Blätter am wichtigsten und darum einer besonderen Beachtung werth. Im Folgenden sollen daher diejenigen Formen und Theile derselben, welche zum Verständnisse der nachfolgenden Bestimmungstafeln von besonderer Wichtigkeit sind, etwas näher beschrieben werden.

———

A. Die Blume,

d. i. dasjenige Glied des Pflanzenkörpers, welches die Befruchtungsorgane enthält, ist zu untersuchen:

I. nach ihrem Stellungsverhältnisse am Pflanzenkörper, d. i. nach ihrem **Blüthenstande**.	II. nach den Theilen, aus denen sie bei den verschiedenen Gewächsen besteht.

I. Der Blumenstand.

Unter dem Blumenstande versteht man die Summe von Blumen, welche an einem gemeinschaftlichen Blumenstengel sitzen (und in der Regel aus ein und derselben Tragknospe hervortreten). Von demselben unterscheidet man einfache und zusammengesetzte Blumenstände.

a) Bei dem einfachen Blumenstande sitzen:

α) an der Spitze des Stengels und sind:

1) ungestielt oder sehr kurz gestielt: **Köpfchen.**
    2) gestielt und strahlig stehend: **Dolde.**

a) in bestimmten Absätzen und in den Winkeln von gegenständigen Blättern am Blumenstengel:

strahlig in Quirlen: **Kränzchen** oder **Quirl.**
    büschelig: **Knäuel.**

Die Blüthen sind zweigeschlechtig:

Der ganze Blumenstand hat an seinem Grunde 2 gegenständige Deckschuppen: **Aehrchen der Gräser.**
    Der Blumenstand hat an seinem Grunde keine od. mehr als 2 Deckschuppen: **Aehre.**

b) in fast ununterbrochener Reihe spiralig um den Stengel (Spindel) oder abwechselnd oder nur an einer Seite desselben, hinter Deckschuppen:

Die Blüthen sind eingeschlechtig und meist nackt, oder nur mit einem Perigon: **Kätzchen.**

β) an den Seiten des Stengels und sind:

1) ungestielt oder sehr kurz gestielt u. stehen:
    2) deutlich gestielt. Die einzelnen Blüthenstiele sind:

a) kurz und ziemlich gleichlang: **Traube** (Strauss).

Die Blumenstiele stehen abwechselnd an der Spindel und haben ein solches Längenverhältniss, dass alle Blumen in einer Horizontalebene stehen: **Doldentraube** (Ebenstrauss).

b) ungleich lang, oben an dem Stengel am kürzesten, unten am längsten:

Die Blumen stehen gegenständig oder quirlig und so, dass der ganze Blumenstand die Form einer Tannenkrone erhält: **Rispe.**

b) Zusammengesetzte Blumenstände.

Wenn an den vorstehenden, mit deutlich gestielten Blumen versehenen, Blumenständen die von dem Hauptblumenstengel (der Spindel) abgehenden Aestchen nicht gleich selbst an ihrer Spitze die Blumen tragen, sondern sich erst wieder in derselben Weise, wie ihre Hauptspindel, verzweigen und dann an diesen Nebenzweigen die Blumen tragen, so nennt man die Blumenstände zusammengesetzte oder verzweigte, z. B. zusammengesetzte oder verzweigte Dolden, Trauben, Doldentrauben oder Rispen. — Zu dieser zweiten Art von Blumenständen gehört auch die **Trugdolde** oder **Afterdolde**, bei welcher der Hauptstengel eine Dolde trägt, während die einzelnen Doldenäste sich in Doldentrauben verzweigen.

Bemerkungen: Bei den Gräsern (Gramineen) giebt es auch zusammengesetzte Aehren; bei den Holzgewächsen aber kommen dieselben nicht vor, wenn man von den ährenförmig zusammengehäuften Kätzchen der Kiefern absieht.

II. Theile der Blume.

Die vollständig entwickelte Blume besteht in der Regel:

a) aus der Blüthe und **b) aus den Blüthendecken.**

Zu ihr gehören:

1) die Staubgefässe und **2) die Stempel.**

Diese bestehen aus d. Staubfaden, welcher den Staubbeutel mit dem Blüthenstaub trägt. — Es giebt aber auch Staubgefässe, welche nur aus Staubbeuteln (Staubkölbchen) u. Blüthenstaub oder nur aus Blüthenstaubhäufchen (z. B. bei d. Kiefern) bestehen.

Diese bestehen aus d. Fruchtknoten, welcher die Sameneichen (Samenbläschen) einschliesst und den Staubweg mit der Narbe (d. i. der oberste Theil des Staubweges oder Griffels) trägt. — Es gibt aber auch Stempel, welche nur aus Fruchtknoten mit unmittelb. darauf sitzender Narbe oder nur aus den einfachen, nackten Samenbläschen (z. B. bei den Abietineen) bestehen.

Eine Blüthe, welche enthält:

a) Stempel u. Staubgefässe zugleich, heisst zweigeschlechtig. Die Stbgefässe können nun weiter erscheinen:

1) frei, wenn man jedes einzelne von seinem Grunde an von den übrigen Blüthentheilen lostrennen kann, od. verwachsen, wenn sie entweder an d. Stempelsäule angewachsen erscheinen (20. Cl. L.) oder unter sich, sei es nun mit ihren Kölbchen oder mit ihren Fäden, so zusammenhängen, dass man sie nur mit Gewalt von einander trennen kann (16.—19. Cl. Lin.).

2) oberweibig, wenn sie über oder auch auf dem Fruchtknoten sitzen (12. Cl. Lin.); unterweibig, wenn sich ihre Einfügungsstelle unter d. Fruchtknoten auf d. Blumenboden befindet (z. B.: 13. Cl. Lin.).

(Die an den Wänden der Blumenröhre von einblättrigen Kronen sitzenden Stbgefässe sind oberweibig).

b) nur Staubgefässe od. nur Stempel, heisst eingeschlechtig od. monoecisch (21—22 Cl. Lin.) die Fruchtknoten erscheinen:

1) frei od. oberständig, wenn sie im Kelche od. Perigon so sitzen, dass man sie aus dem letzteren herausziehen kann, ohne ihn zu zerreissen:

2) verwachsen od. unterständig, wenn sie mit der Röhre des Kelches ein fest zusammenhängendes Ganzes bilden;

3) halboberständig, wenn ihr oberer Theil über die Kelchröhre hinausragt. Ihrem innern Baue nach zeigen sich die Fruchtknoten ein- u. mehrfächerig, ein- und mehrsamig u. s. w.

Die Blüthentheile haben entweder gar keine Blätterumhüllungen, so dass die ganze Blume nur aus den Blüthentheilen besteht. Die Blume heisst alsdann **nackt.** — Oder sie werden von einem oder zwei Blätterkreisen (**Blüthendecken**) umschlossen. Sind sie nun umschlossen von:

2 Blattkreisen, dann haben sie eine **doppelte** Blüthendecke (**vollständige Blumen**). Von diesen heisst:

der innere buntgefärbte Blattkreis: **Krone.**

der äussere meistgrüngefärbte Blattkreis: **Kelch.**

1 Blattkreise, dann haben sie eine **einfache** Blüthendecke (**unvollständige Blumen**). Diese einfache Decke heisst **Perigon** und zwar kronenähnliches Perigon, wenn es bunt, kelchähnliches Perigon, wenn es grün gefärbt ist.

1) Kelch, Krone und auch Perigon erscheinen **verwachsen** oder **einblättrig**, wenn die sie bildenden Blätter seitlich so mit einander verwachsen sind, dass beim Ziehen an einem Zipfel derselben die ganze Blüthendecke, ohne auseinander zu fallen, zum Vorschein kommt; — **mehrblättrig**, wenn sie aus mehreren, ganz von einander getrennten Blättern bestehen, so dass man jedes Blättchen für sich aus der Blume herausziehen kann.

2) bei den einblättrigen Blumen unterscheidet man die **Röhre** (d. i. den verwachsenen Theil der Krone oder des Kelches) von dem **Saume** (d. i. den obern, sich ausbreitenden Theil der Blüthendecke). Dieser Saum ist nun wieder entweder **ganzrandig** oder **ungetheilt**, oder er ist **mehrzipfelig**. Reichen im letzten Falle die Zipfel abwärts nicht bis zur Hälfte der Röhre, so nennt man den Saum **gezähnt**, reichen sie bis zur Hälfte der Röhrenlänge, so heisst er **gespalten**, und reichen sie fast bis zum Grund der Röhre, so wird der Saum **theilig** genannt.

3) Die Blüthendecken, namentl. die Krone oder das Perigon, erscheinen **regelmässig**, wenn die sie bildenden Blatttheile von gleicher Form und Grösse sind, so dass man die ganze Blüthendecke nach jeder Richtung hin in 2 gleiche Theile spalten kann; dagegen **symmetrisch** (fälschlich: unregelmässig genannt), wenn nur ihre gegenüberstehenden Blatttheile einander gleich sind, so dass man sie nur nach einer Richtung hin in zwei gleiche Hälften spalten kann.

B. Die Frucht.

Die Frucht, d. i. dasjenige Glied des Pflanzenkörpers, welches den oder die Samen umfasst, erscheint gebildet:

I. nur aus den Blüthentheilen [Aechte Früchte] und zwar:

II. aus den Blüthentheilen und dem Blumenstande zugleich: **Unächte Früchte,**

a) nur aus den Fruchtknoten:

1) Einfache Früchte. Sie besitzen nur ein, bisweilen durch Querwände in Fächer abgetheilt, Hauptsamenfach.

DerFrucht-knoten ist mit d. Samen fest verwachsen u. in einen häutigen Flügel verlängert:

Flügelnuss.

DerFruchtknoten ist mit d. Samen nicht verwachsen.

2) Zusammengesetzte Früchte. Sie bestehen aus mehreren, seitl. zusammengewachsenen Fruchtknoten und haben daher mehrere Samenfächer. Die sie bildende Schote ist blattartig u. meist trockenhäutig:

1) Schote: 2 Frknoten der Länge nach so mit einander verwachsen, dass sie 2 Längsfächer bilden.

2) Kapsel: mehrere Fruchtknoten so mit einen verwachs., dass sie mehr als 2, meist strahlig stehende Fächer bilden.

Einsamige Frucht:

1) der Fruchtknoten bildet eine holzige oder lederige Schale um den Samen:

Nuss.

2) Der Fruchtknoten bildet eine aussen saftige, fleischige, innen steinharte Hülle um den Samen:

Steinfrucht.

Mehrsamige Frucht:

Der Frknoten besteht aus zwei Blättern, welche bei der Reife der Samen trockenhäutig sind, eine Höhlung bilden und an beiden Nächten aufspringen:

Hülse.

b) aus der Verwachs. d. Fruchtknotens mit dem Kelch.

Sie entstehen aus dem Grösser- u. Fleischigwerden des Kelches und meist aus mehreren Fruchtknoten und haben daher auch meist mehrere Fächer und Samen. Ihrem Baue nach erscheinen sie:

1) als **Apfelfrüchte:** mit kreisständigen, häutigen, pergamentartigen oder steinharten Samenfäch., welche v. d. fleischig gewordenen Kelchröhre umhüllt sind;

2) als **Beeren:** ohne Fächer.

Sowohl die Apfelfrüchte wie diese Art von Beeren erscheinen in der Regel von den dürren Kelchzipf. gekrönt.

Sie zeigen sich vorzüglich bei den Kätzchen- und Aehrenblüthlern und entstehen aus der Vergrösserung und Verholzung oder auch Vermarkung der Spindel und der Deckschuppen des weiblichen Kätzchens. Es gehören hierher:

1) die **Bechernüsse**, d. i. Nüsse, welche von der vergrösserten und blatt- oder holzartig gewordenen allgemeinen Blüthenhülle ganz oder theilweise umschlungen werden (s. Nüsse unter I);

2) die **Zapfenbeeren:** Samen, welche von den fleisch. gewordenen Deckschuppen d. weibl. Kätzchen umschlossen werden;

3) die **Zapfen:** Nussartige, geflügelte oder ungeflügelte Samen, welche von den holzig gewordenen Deckschuppen des vergrösserten weibl. Kätzch. umschlossen werden.

4) die **Hagebutte:** die beerenähnliche Frucht der Rosen: ein fleischig gewordener Kelch, welcher zahlreiche, frei in ihm liegende nussart. Samen umschliesst.

Zusätze: Es sind in der vorstehenden Uebersicht nur die, gewöhnlich bei den Holzgewächsen vorkommenden, Fruchtformen angegeben worden. Unter ihnen verdienen besonders die Nüsse und die Beeren eine besondere Beachtung:

1) Unter den Nüssen giebt es solche, deren harte Schale nur aus der Verdickung und Erhärtung der Schale des Samenbläschens entstanden sind. Diese kann man nur nussartige Samen nennen. Zu ihnen gehören die Flügelnüsse und die Samen der Zapfen, Zapfenbeeren und Hagebutten. — Aber es gibt auch Nüsse, welche durch Verdickung und Erhärtung des mit dem 1 samigen Fruchtknoten verwachsenen Perigons entstehen. Dies sind die eigentlichen Nüsse, zu denen die Bechernüsse gehören.

2) Unter den Beeren gibt es auch zweierlei, nämlich
   a) solche, welche blos durch Fleischigwerden des Fruchtknotens entstehen.
   b) solche, welche durch Fleischigwerden des, mit dem Fruchtknoten verwachsenen, Kelches entstehen. Diese erscheinen dann in der Regel von den dürren Kelchzipfeln gekrönt.

C. Die Blätter.

Die Blätter, diese Hauptrespirations- und Transpirationsorgane des Pflanzenkörpers, sind zu unterscheiden:

I. nach ihrer Verbindungsweise mit den Stengeln oder Aesten der Gewächse und erscheinen hiernach:

    a) nach ihrer Stellung: einzeln- oder büscheligstehend; in Quirlen oder Wirteln; kreuzständig; gegenständig; abwechselnd; spiralig; zerstreut u. s. w.;

    b) nach ihrer Befestigungsweise: sitzend (d. h. ohne Blattstiel) oder gestielt; am Stengel herablaufend; den Stengel umfassend, wenn das Blatt mit seinem verlängerten Grunde sich mehr oder weniger um den Stengel herumzieht; verwachsen, wenn zwei gegenständige, sitzende Blätter mit ihrem verlängerten Grunde gegenseitig so mit einander verbunden erscheinen, dass sie ein einziges Blatt darstellen, durch welches der Stengel durchzieht.

II. nach ihren Theilen. Sowohl das gestielte wie das ungestielte Blatt besitzt eine Blattscheibe. An dieser Blattscheibe, deren Substanz aus den mehr oder weniger harten und saftlosen Adern oder Nerven (d. i. aus Gefässbündeln) und der mehr oder weniger weichen, saftigen Scheibensubstanz (d. i. aus Zellengewebe) besteht, sind ins Auge zu fassen:

    a) die Vertheilung der Adern in der Blattscheibe. Bei derselben beobachtet man:

        α) eine Hauptader, welche die Blattscheibe vom Stiele an bis zur Spitze durchzieht, und von deren beiden Seiten Nebenadern

            1) parallel unter sich, wie die Fiederfasern einer Feder, nach den Seitenrändern der Blattscheibe ziehen (parallel- oder fiedernervige Blttr);

            2) convergirend gebogen sich mit ihren Enden nach der Spitze des Blattes zu wenden (convergirendnervige Blttr z. B. bei den Cornus-Arten);

        β) mehrere (3—5) Hauptadern, welche gleich vom Eintritt des Blattstieles in die Blattscheibe sich so von einander entfernen (divergiren), dass eine von ihnen sich nach der Spitze der Blattscheibe wendet, während die andern 2 oder 4 zu beiden Seiten der mittlern Ader wie die ausgespreizten Finger einer Hand nach den Seitenrändern der Blattscheibe ziehen (handnervige Blttr).

    b) die Umfangsform der Blattscheibe, welche von der Menge und Vertheilung des zwischen den Adern vorhandenen Zellengewebes abhängt. Bei diesem Umfange hat man ins Auge zu fassen:

        α) die allgemeine Gestaltung der Blattscheibe, welche man erhält, wenn man sich eine Linie um den äusseren Umfang der letzteren gezogen denkt. Sie tritt hauptsächlich bei den Holzgewächsen unter folgenden Formen auf:

            1) das nadelförmige Blatt: stiellos oder sehr kurz gestielt, flach, 3-4kantig, pfriemlich, borstlich u. s. w., fast nur aus einem Längsnervenbündel bestehend, gewissermaassen ein Blattstiel ohne Blattscheibe (z. B. bei den Abietineen u. Cupressineen);

            2) das lineale Blatt: mit stark entwickeltem Mittelnerv, wenig Blattzellengewebe, viel länger als breit; die Seitenränder fast parallel mit dem Mittelnerv (manche Weiden u. Myriceen);

            3) das lanzettliche Blatt, einer Lanzette ähnlich und aus Nr. 2 hervorgehend, wenn die Seitenränder in einem länglichen Bogen sich vom Mittelnerv entfernen. Tritt diese bogige Entfernung noch stärker hervor, so entsteht das elliptische Blatt, und bei noch stärkerer bogiger Entfernung der Seitenränder das eirunde und zuletzt das kreisrunde Blatt (bei den Weidenarten bemerkt man alle diese Formen);

            4) das nierenförmige Blatt, in seiner Gestalt einer durchschnittenen Niere ähnlich;

            5) das herzförmige Blatt;

            6) das rhomben- od. rautenförmige Blatt, einer abgestumpften Rhombenfläche ähnlich (z. B. bei manchen Birken).

β) die **Randbeschaffenheit** der Blattscheibe. Der Rand eines Blattes zeigt entweder gar keine Einschnitte und heisst dann **ganzrandig**, oder mehr oder minder tief in die Blattscheibe eingreifende Unterbrechungen. In diesem letzten Falle unterscheidet man hauptsächlich folgende Unterschiede: Der eingeschnittene Rand zeigt:

 a) **sehr seichte** Einschnitte und ist dann

  1) **gesägt**, wenn die Seiten der spitzen Ausschnitte oder Zäckchen **ungleich lang** sind, etwa wie an einer Säge. Jeder Sägezahn kann nochmals gesägt sein (**doppeltgesägt**);

  2) **gezähnt**, wenn die Seiten der Randzäckchen **gleichlang** sind;

  3) **gekerbt**, wenn die Ausschnitte abgerundet sind;

 b) **tief** in die Blattscheibe eingreifende Einschnitte, und dann

  1) **gelappt eingeschnitten**, wenn die Einschnitte noch nicht bis zur Hälfte der halben Blattbreite reichen. Ist der Hintergrund der Einschnitte abgerundet, so nennt man dieselben **buchtig gelappt**;

  2) **fiederspaltig**, wenn die Einschnitte bis zur Hälfte der halben Blattbreite eindringen;

  3) **fiederschnittig**, wenn sie vom Rande aus bis fast zum Mittelnerv des Blattes eindringen.

   Jeder dieser drei Arten Einschnitte kann nun wieder ganzrandig, gesägt, gezahnt, gekerbt oder auch gelappt bis fiederspaltig sein.

γ) die **Spitze** der Blattscheibe erscheint **kurz-** oder **langzugespitzt**, stachelspitzig, abgestumpft, abgerundet, eingebuchtet u. s. w.

δ) der **Grund** der Blattscheibe endlich zeigt sich: herz- und pfeilförmig, abgestutzt, in den Blattstiel ausgezogen u. s. w.

III. nach der **Zahl der Blattscheiben, welche an einem und demselben Blattstiele sitzen.** Befindet sich an der Spitze eines Blattstieles **nur eine einzige** Blattscheibe, so nennt man das Blatt ein **einfaches**; trägt aber ein und derselbe Blattstiel sei es an seiner Spitze oder an seinen gegenüberstehenden Seiten 2, 3 bis viele ausgebildete Blattscheiben, deren jede durch einen besonderen Stiel an dem gemeinschaftlichen Hauptstiele befestigt ist, dann ist das ganze Blatt ein **zusammengesetztes.** Je nachdem nun die einzelnen **Theilblättchen** alle von der Spitze ausgehen oder paarweise an den Seiten des Hauptblattstieles gegenüberstehen, unterscheidet man:

 a) **gefingerte Blätter**, deren Theilblättchen alle von der Spitze des Hauptstieles ausgehen. Unter ihnen giebt es nun wieder je nach der Zahl der Theilblättchen:

  1) **3fingerige** oder **gedreite** (z. B. bei Cytisus);

  2) **5—7fingerige** (z. B. bei der Rosskastanie);

 b) **gefiederte Blätter**, deren Theilblättchen paarweise an den Seiten des Haúptstieles sich gegenüber stehen. Diese, deren einzelne Theilblättchen **Fiederblättchen** oder **Fiederchen** genannt werden, erscheinen wieder:

  1) **einfach gefiedert**, wenn jedes Fiederchen ein einfaches Blatt ist; und **doppelt gefiedert**, wenn jedes Fiederblatt für sich wieder ein gefiedertes Blatt darstellt (z. B. bei Gleditschia);

  2) **unpaarig gefiedert**, wenn an der Spitze des Hauptstieles nur ein einzelnes Fiederchen steht; **paarig gefiedert**, wenn an der Spitze dieses Hauptstieles sich zwei Fieder gegenüberstehen.

   Für jedes einzelne Fiederblatt gelten dann weiter die oben unter II. schon angegebenen Bezeichnungen der Blattscheibe.

IV. nach dem **Vorhandensein von Nebenblättern** (oder Afterblättern), worunter man die kleinen, bald zungen-, halbherz-, halbnieren-, halbpfeilförmigen, bald auch tuten- oder röhrenförmigen, Blattorgane zu verstehen hat, **welche stets paarweise am Grunde einer Blattscheibe oder eines Blattstieles stehen** und sich früher entwickeln, aber auch früher abfallen als die eigentlichen Blätter.

  Sie sind von Wichtigkeit für die Bestimmung vieler Pflanzen, namentlich der **Weiden-** und **Rosenarten.**

Das künstliche und natürliche Pflanzensystem.

Zunächst um sich das Auffinden oder Bestimmen einer Pflanze nach einer gegebenen Beschreibung zu erleichtern, sodann aber auch um sich eine Uebersicht der in ihrem Körperbaue ähnlichen oder verwandten Pflanzen zu verschaffen, hat man es für nothwendig gehalten, die bis jetzt bekannt gewordenen Pflanzenarten in eine, sich auf feste Grundsätze stützende, wissenschaftliche Zusammenstellung d. h. in ein System zu bringen.

Von diesen Systemen giebt es gegenwärtig zweierlei Arten : die einen derselben bezwecken blos eine Zusammenstellung der verschiedenen Pflanzengattungen und Arten, um mittelst derselben das Bestimmen einer gegebenen Pflanzenart zu erleichtern und sicherer zu machen, ohne weiter Rücksicht auf die natürliche Verwandtschaft der auf einander folgenden Geschlechter zu nehmen; die anderen Systeme dagegen bestreben sich, die verschiedenen Pflanzenarten je nach der näheren oder entfernteren Verwandtschaft im Baue ihrer wesentlichen Gliedmassen so zusammenzustellen, dass man nicht nur eine scharfe Uebersicht über die Verwandtschaftsgrade der einzelnen Arten, Gattungen und Gruppen des Pflanzenreiches erhält, sondern auch die Mittel bekommt, die einzelnen Pflanzenarten leicht aufzufinden.

Die erste Art von Pflanzensystemen, welche also hauptsächlich das leichtere und sicherere Bestimmen von Pflanzenarten bezweckt, wählt zur Zusammenstellung in Abtheilungen, Klassen und Ordnungen immer nur ein einziges, aber an allen Pflanzen vorkommendes und in die Augen fallendes, Glied des Pflanzenkörpers, ohne weiter Rücksicht auf die Aehnlichkeit oder Unähnlichkeit der übrigen Pflanzenglieder zu nehmen. Diese Systemart wurde zuerst und am ausgeprägtesten von Linné aufgestellt. In ihr wurden die Staubgefässe als Bestimmungsmerkmal für die Aufstellung von Classen, ja zum Theil auch von den Ordnungen einzelner dieser Classen und ausserdem die Stempel oder Fruchtknoten zur Zusammenstellung der Ordnungen in mehreren (I.—XIII. Cl.) Classen benutzt. Aus diesem Grunde wird denn auch das Linné'sche System das Sexual- oder Geschlechtssystem genannt.

Die zweite Art von Pflanzensystemen, welche den ganzen Pflanzenkörper, seine Entwickelung aus dem Samen, seine innere Zusammensetzung und den Bau seiner ganzen Blume und Frucht zur Aufstellung bestimmter Verwandtschafts-Abtheilungen (namentlich Familien) benutzt, wurde zuerst von Jussien aufgestellt, und dann von De Candolle, Endlicher u. a. weiter ausgeführt und vervollkommnet und im Gegensatze zum Linné'schen System, welches man das künstliche nannte, als das natürliche bezeichnet.

Da bei den folgenden Uebersichtstafeln der Holzgewächse sowohl Classen und Ordnungen aus dem Lin. künstlichen, wie zugleich auch Familien aus De Candolle's natürlichem Systeme zur näheren Bestimmung und Gruppirung der Holzgewächse angewendet worden sind, so erscheint es nicht unzweckmässig, von diesen beiden Systemen wenigstens eine Uebersicht ihrer Abtheilungen vorauszuschicken.

Classen und Ordnungen
des Linné'schen oder künstlichen Systemes.

	Classen.	Ordnungen.
A. Pflanzen mit deutlich wahrnehmbaren Blüthen: Phanerogamen.		
I. mit **2geschlechtigen** Blumen:		
a) mit **freien** Staubgefässen:		
α) mit gleichlangen oder verschieden langen Staubgefässen:		
1) 1 Stbgef. in der Blume . .	I. **Monandria.**	
2) 2 „ „ „ „ . .	II. **Diandria.**	Die Ordnungen der I.—XIII. Cl.
3) 3 „ „ „ „ . .	III. **Triandria.**	werden nach der Zahl der Stempel (Fruchtknoten, Griffel od. Narben) bestimmt, dem gemäss die
4) 4 „ „ „ „ . .	IV. **Tetrandia.**	1. Ordnung jeder Classe 1 Stempel
5) 5 „ „ „ „ . .	V. **Pentandria.**	(*Monogynia*), die 2. Ordnung 2, die
6) 6 „ „ „ „ . .	VI. **Hexandria.**	5. Ordn. 5, die 6. Ordn. mehr als
7) 7 „ „ „ „ . .	VII. **Septandria.**	5 Stempel (*Polygynia*) hat. Die Ordnungen heissen *Mono-, Di-, Tri-,*
8) 8 „ „ „ „ . .	VIII. **Octandria.**	*Tetra-, Penta-,* und *Polygynia.*
9) 9 „ „ „ „ . .	IX. **Enneandria.**	
10) 10 „ „ „ „ . .	X. **Decandria.**	
11) 12—15 „ „ „ . .	XI. **Dodecandria.**	
12) 20 u. m. Stbgf. in d. Blume:		
a) auf d. Kelchsaum stehend	XII. **Ikosandria.**	
b) auf d. Kelchgrund stehend	XIII. **Polyandria.**	
β) mit 2 Staubgef., welche kürzer als die anderen 2 oder 4 sind:		In der XIV. u. XV. Cl. werden die Ordn. nach d. Beschaffenheit d. Frucht bestimmt. Jede Cl. hat 2 Ord.
13) 2 lange u. 2 kurze Stbgef.	XIV. **Didynamia.**	In d. XIV. Cl. heisst d. 1. Ord. *Gymnospermia,* d. 2. Ord. *Angiospermia.*
14) 4 lange u. 2 kurze „	XV. **Tetradynamia.**	In der XV. Cl. heisst die 1. Ord. *Siliquosae,* die 2. Ordn. *Siliculosae.*
b) mit **verwachsenen** Stbgefässen:		
α) Staubgefässe unter sich:		
a) mit ihren Fäden verwachsen:		In d. XVI—XVIII. Cl. werden die Ordn. nach d. Zahl d. mit einander verwachs. Stbgf. bestimmt u.
15) alle in eine Röhre verwachsen	XVI. **Monadelphia.**	wie die 13 ersten Cl. je nach d. Zahl der Stbgef. *Tri-, Penta-,* ... *Dec-* u.
16) in 2 Bündel verw. . .	XVII. **Diadelphia.**	*Polyandria* benannt.
17) in mehre Bündel verwachsen	XVIII. **Polyadelphia.**	
b) mit ihren Kölbchen verwachsen	XIX. **Syngenesia.**	In d. XIX. Cl. werden die 5 Ord. nach dem Geschlecht der einzelnen mit einander verbundenen Blümchen bestimmt.
β) Staubgefässe der Griffelsäule angewachsen	XX. **Gynandria.**	
II. mit **1geschlechtigen** Blumen:		In d. XX—XXII. Cl. werd. d. Ord. n. d. Zahl u. d. Verwachsungen der Stbgf. bestimmt. In d. XXI. u. XXII. Cl. w. demgemäss d. Ord. theils
a) männl. u. weibl. Blüthen auf einem und demselben Individuum	XXI. **Monoecia.**	nach d. Zahl *Monan-* bis *Polyandria,* theils n. ihren Verwachsungen *Mona-*
b) männl. u. weibl. Blüthen auf verschiedenen Individuen .	XXII. **Dioecia.**	bis *Polyadelphia* genannt.
c) 1- und 2geschlechtige Blüthen zugleich auf einem Individuum	XXIII. **Polygamia.**	Die XXIII. Cl. ist gegenwärtig gestrichen; ihre Arten sind je nach der Zahl ihrer Stbgef. unter die Pflanzen der I—XIII. Cl. versetzt worden.
B. Pflanzen mit scheinbar unsichtbaren Blüthentheilen.	XXIV. **Kryptogamia.**	Die XXIV. Cl. enthält 4 Ord., die nach d. natürl. Verwandtschaft der Gewächse bestimmt sind: 1. Ord.: Farren (*Filices*). 2. „ Moose (*Musci*). 3. „ Algen (*Algae*). 4. „ Pilze (*Fungi*).

Classen, Ordnungen und wichtigste Familien von De Candolle's natürlichem Systeme.

Abtheilungen und Unterabtheilungen.	Classen.	Nur Holzgewächse enthaltende Ordnungen.	Familien.
Zellenpflanzen *(Cellulares.)* Nur aus Zellengeweben bestehend.	**I. Blattlose** (Apyllae).	[Hierher: die Algen, Pilze (Fungi) und Flechten (Lichenes).]	
	II. Beblätterte (Foliaceae).	[Hierher: die Lebermoose (Hepaticae) und Moose (Musci).]	
Gefässcryptogamen (Cryptogamae vasculares).		[Hierher: *Equiseten, Lycopodien, Marsileaceen. Farrn.*]	
Gefässpflanzen *(Vasculares).* Aus Zellengewebe u. Gefässbündeln bestehend. Mit sichtbaren Blüthen; daher auch **Gefässphanerogamen** genannt.	**I. Endogenae.** Wachsen nur in d. Länge, aber nicht in die Dicke. Die Gefässe zerstreut im Zellgewebe. — **Monocotyledoneae.** Einsamenlappige Gewächse. Sie haben meist nur Längsnerven in den Blättern u. 3, 6 oder 9 Stbgef.	[Hierher: die *Scitamineen* (Palmen u. Musaceen), *Gramineen* (Bambus) und *Cyperaceen.*]	
	II. Exogenae. Wachsen in die Länge und Dicke. Die Gefässbündel bilden geschlossene Kreise um den Markkörper herum. Jedes Jahr legt sich ein neuer Gefässbündelkreis aussen um den alten herum. Hierher gehören alle eigentlichen Holzgewächse. Weil alle hierher gehörigen Gewächse mit zwei Samenlappen keimen, so werden sie auch *Dicotyledoneen* genannt.		
	I. Monochlamydeae. Gewächse mit einfacher Blüthendecke (daher: Perigonblüthler) od. auch mit nackter Blüthe.	1. *Coniferen:* Zapfenfrüchtler.	Abietineen. Taxineen. Cupressineen.
		2. *Amentaceen:* Kätzchenblüthler.	Salicineen. Betulineen. Inglandeen. Cupuliferen.
		3. *Urticineen.*	Plataneen. Ulmaceen. Moreen.
		4. *Tricoccae.*	Empetreen.
		5. *Thymelaeaceae.*	Daphnoideen und Laurineen. Elaeagneen. [neen.
	II. Corolliflorae. Blume vollständ., mit 2 Blüthendecken. K. u. Kr. 1blätt., unterwb.	6. *Tubiflorae.*	Solaneen.
		7. *Contortae.*	Oleaceen (Ligustrineen od. Fraxineen).
	III. Calyciflorae. Blume vollständig. Kelch 1blättrig, mit einer unterweibigen Scheibe, auf welcher die Kroneblätter und Staubgef stehen. Krone theils ein-, theils mehrblättrig.	8. *Bicornae.*	Ericineen. Vaccinieen.
		9. *Caprifolia.*	Caprifoliaceen. Sambucineen. Viburneen.
		10. *Umbelliflorae.*	Corneen. Araliaceen.
		11. *Corniculatae.*	Grossularieen.
		12. *Calyciflorae.*	Philadelpheae.
		13. *Myrtiflorae.*	(Myrtaceen, Granateen.)
		14. *Rosiflorae.*	Pomaceen. Rosaceen. Spiraeaceae. Amygdaleen (Drupaceen).
		15. *Legum osae.*	(Mimoseen u. Caesalpinieen). Papilionaceen. [nieen).
		16. *Terebinthaceae*	(Sumachineen, Anacardieen). [dieen).
		17. *Frangulaceen.*	Rhamneen.
	IV. Thalamiflorae. Blume vollständig. Kelch u. Krone mehrblättrig.	18. *Sarmentaceae.*	Celastrineen (Staphyleaceen). Ampelideen. [ceen).
		19. *Acera.*	Hippocastaneen. Acerineen (Sapindaceen).
		20. *Hesperides.*	(Aurantiaceen.)
		21. *Columniferae.*	Tiliaceen. [ceen).
		22. *Polycarpicae.*	Berberideen (Magnolia-

Bemerkungen und Erklärung der Abkürzungen in der nachfolgenden Uebersicht der Holzgewächse.

Bemerkungen: Alle im Vorigen gegebenen Begriffe und Andeutungen über die Glieder des Pflanzenkörpers und speciell über die Blumenstände, Blumen, Früchte und Blätter s o l l e n nur die in den folgenden Bestimmungstafeln gebrauchten Ausdrücke erklären. Dasselbe ist der Fall mit den Uebersichten des Linné'schen und des De Candolle'schen Pflanzensystemes.

Erklärung der Abkürzungen.

a) Für den **Blüthenstand**.

Blthstd = Blüthenstand.
Kö. = Köpfchen.
Bü. = Büschel.
Do. = Dolde.
Trdo. = Traubendolde.
Ri. = Rispe.
Str. = Strauss.
Trgdo. = Trugdolde.
Aeh. = Aehre.
Tr. = Traube.
hä. = hängend.
aufr. = aufrecht.
gip. = gipfelständig.
sst. = seitenständig.
blttw. = blattwinkelständig.
stg. = ständig.

b) Für die **Blume** (= Blme).

Blthe = Blüthe.
K. = Kelch.
Kr. = Krone.
Per. = Perigon.
krä = kronenähnlich.
klä. = kelchähnlich.
Stbgef. = Staubgefässe.
Stpl = Stempel.
Frkn. = Fruchtknoten.
Gr. = Griffel.
N. = Narbe.
Blthde = Blüthendecke.

c) für die **Staubgefässe** (= Stbgef.).

oberw. = oberweibig.
unterw. = unterweibig.
fr. = frei.
verw. = verwachsen.

d) Für den **Fruchtknoten** (= Frkn.).

Sambl. = Samenbläschen.
fr. = frei.
verw. = verwachsen.
hverw. = halbverwachsen.
1fäch. = einfächerig.

mfäch. = mehrfächerig.
1sam. = einsamig.
msam. = mehrsamig.

e) Für das **Geschlecht der Blüthe**.

1geschl. = 1ge. = eingeschlechtig.
2geschl. = 2ge. = zweigeschlechtig.

f) Für die **Formen der Blüthendecken**.

1blttr. = 1bl. = einblättrig.
mblttr. = mbl. = mehrblättrig.
unvollst. = unvollständig.
vollst. = vollständig.
n = nackt.
regelm. = regelmässig.
sym. = symmetrisch.
gl. = glockig.
tr. = trichterig.
röhrtr. = röhrigtrichterig.
stf. = sternförmig.
†f. = krf. = kreuzförmig.
rosf. = rosenförmig.
rdf. = radförmig.
2lppg = zweilippig.
schmttrf. = schmetterlingsför- [mig.
gez. = gezähnt.
grgez. = grobgezähnt.
fgez. = feingezähnt.
gesp. = gespalten.
sp. = spaltig.
geth. = getheilt.
th. = theilig.

g) Für die **Frucht** (= Fr.).

Apfr. = Apfelfrucht.
Bechn. = Bechernuss.
Be. = Beere.
Flfr. = Flügelfrucht.
Flnu. = Flügelnuss.
1fl. = einflügelig.
2fl. = zweiflügelig.
Hü. = Hülse.
Ka. = Kapsel.

Nu. = Nuss.
Sch. = Schote.
Stbe. = Steinbeere.
Stfr. = Steinfrucht.
Zabe. = Zapfenbeere.
Zap. = Zapfen.

h) Für die **Blätter** (= Bl. = Blttr).

einf. = einfach.
zus. = zusammengesetzt.
eif. = eiförmig.
ell. = elliptisch.
lanzettf. = lanzettförmig.
herzf. = herzförmig.
gefing. = gefingert.
gedr. = gedreit.
gef. = gefiedert.
ges. = gesägt.
gez. = gezähnt.
gestd. = gegenständig.
gzr. = ganzrandig.
lppg = lappig.

i) **Art des Holzgewächses.**

Ba. od. Bm = Baum.
Str. = Strauch.
Hstr. = Halbstrauch.

k) Für die **Blüthezeit** (= Blthzt).

Januar = 1.
Februar = 2.
März = 3.
April = 4.
Mai = 5.
Juni = 6.
Juli = 7.
August = 8.
September = 9.
u. s. w.
v. d. Blttrn = vor den Blättern blühend.
m. d. Blttrn = zugleich mit dem Ausbruch d. Blätter blühend.
n. d. Blttrn = nach dem Ausbruch der Blätter blühend.

SYSTEMATISCHE

BESTIMMUNG UND BESCHREIBUNG

DER

HOLZGEWAECHSE.

Zweigeschlechtige Blüthen mit zwei freien Staubgefässen und

Lin. Ordnung	Allgemeiner Blumencharakter.	Arten.	Blumenstand.
1. 1 Stempel.	Blme vollst. (nur bei Fraxinus excelsior n.) 2 ge. (od. bei Fraxinus auch 1 ge.). — K. 4 zä. — Kr. tricht., 4 sp. od. 4 bl. — Stbgf. 2, frei, in d. Krröhre. — Frkn. fr., 2 fä. — Fr. 1 Stbe., K., Fln. [Fam.: **Oleïneen**, oder: *Ligustrineen*.]	**Ligustrum vulgare** Rainweide. **Syringa vulgaris** Flieder. **Fraxinus excelsior** Gemeine Esche. Zusatz: **Frax. Ornus**, Mannaesche, mit vollst. Blumen, in Krain u. Kärnthen.	Straussrispe, endständig. Endständ. Straussrispe. Seitständ. Rispenbüschel, v. d. Blttrn.

Vollständige zweigeschlechtige Blumen mit vier freien

Lin. Ordnung	Allgemeiner Blumencharakter.	Arten.	Blumenstand.
1. 1 Stempel.	Blme vollst., 2 ge. — K. mit den Frkn. verwachsen, 4 zähn. — Kr. 4 blttr., kreuzförmig. — Stgef. 4, oberw. — Stpl mit 2 fächerigem, mit dem K. verwachs. Frkn. und 1 Griffel. — Stbe mit 2 fächerigem Steine. [Fam.: **Corneen.**]	**Cornus mascula** Dir- od. Herlitze. **Cornus sanguinea** Rother Hartringel. **Cornus suecica** Schwedischer Hartringel. Zusatz: **Cornus alba**, aus Nordamerika, mit weissen Beeren, sonst C. sang. ähnlich. **Evonymus** s. V. Cl. I. Ord. **Rhamnus cathartica** s. V. Cl. 1. Ord. Bemerkung: In die IV. 1. gehört auch nach der Beschaffenheitseiner Blüthentheile: **Elaeagnus angustifolia**, seinem ganzen Blumen-, Frucht- u. Keimbau nach aber ist derselbe zu der Familie *Elaeagneen* in die XXII. Classe zu rechnen (siehe daher XXII. Classe).	Kleine Do. mit 4 blttr. Hülle am Grunde, v. d. Blttrn. Flache Trgdo. ohne Hülle am Grunde, n. d. Blttrn. Do. mit 4 blttr. Hülle, gestielt, n. d. Blttrn.
4. 4 Stempel.	Blme vollst., 2 ge. — K. klein, 4-6 sp. — Kr. 4-6 theil. — Stgef. 4, an die Kr. befestigt. — Frkn. mit 4 N., ohne Gr. — Stbe. [Fam.: **Aquifoliaceen.**]	**Ilex Aquifolium** Gemeine Stechpalme.	Blattwinkelstd. Büschel od. kurzgestielte Do.

Diandria.

doppelten 4zähnigen oder 4spaltigen Blüthendecken, selten nackt.

Blume.	Frucht.	Blätter.	Bemerkungen. Standort, Blüthezeit u. s. w.
K. 4 zä.; Kr. tr., 4 spalt., weiss.	schwarze 2fäch. Stbe.	gegenst., länglich lanzettl., ganzrandig.	Strauch. In Zäunen u. Gebüschen, namentlich auf Kalkhügeln. 6. 7.
wie vor., aber grösser, blassviolett bis weiss.	2fäch., 2sam. Ka.	gegenst., herzf., ganzr.	Baumstrauch aus Persien, verwildert in Zäunen und Gebüschen, namentlich auf steinigem Kalkboden. 4. 5.
nackt, oft 1ge.	flachgedrückte Fln.	gestd., paarig gefied. mit 3-6 Paar lanzettl. gesägten Fiedern; auch einfach lanzettlich (bei Fr. simplicifolia).	Baum mit gestd. Zweigen u. gestd., schwarzen, 4kant. Knospen. Namentlich auf humosem, lehmigem Schuttboden. 4. 5. Feinde: Lytta vesicatoria an den Blättern, Hylesinus fraxini im Bast des Stammes.

Tetrandria.

Staubgefässen und 4blättriger oder 4theiliger Krone.

Blume.	Frucht.	Blätter.	Bemerkungen. Standort, Blüthezeit u. s. w.
K. 4 zä. Kr. 4 blttr., gelb.	eirunde, kirschrothe Stbe. mit 2 Samen.	gestd., eif., zugespitzt, ganz, mit convergirenden Nerven.	Strauch od. Baum mit gestd. Aesten. Auf sonnigen Kalkhügeln. 4. 5.
wie vor., aber mit weisser, kreuzförm. Kr.	kugelige, schwarze, weisspunktirte Stbe.	gestd., breiteif., sonst wie vor., kurzhaarig.	Str. mit aufrechten, graden, im Herbst blutrothen Aesten. In Buschwäldern, am meisten auf kalkhalt. Boden. 5. 6.
wie vor., aber mit purpurrother Kr.	kugelige, rothe Stbe.	gestd., sitzend, wie vor.	Stengel-krautiges Halbsträuchlein von 4 bis 6 Zoll Höhe auf schattigen Torfbrüchen. 6. 7.
K. 4-5 zä. Kr. 4-5 theil., radförm., weiss.	4-5 sam., rothe, aufspringende Stbe.	wechselstd., eif., glatt, glänzend, lederig, dornig gez. bei Sträuchern, gzr. an Bäumen.	Str. od. kleiner Ba. auf Hügeln u. Ebenen des ganzen westl. Deutschlands. 6. 7.

Lin. Ordnung	Allgemeiner Blumencharakter.	Arten.	Blumenstand.
1. 1 Stempel.	Blme vollst., klein. — K. auf einer schildförmigen Scheibe, 4-5 th. — Kr. regelm., 4-5 blttr., zwischen d. Kzipfeln. — Stbg. 4-5 zw. d. Krblttrn., unterweibig. — Frkn. frei, 2-4 fächerig, oberst. — Ka. mit 2-5 Fächern. [Fam.: **Celastrineen.**]	**Evonymus europaeus** Spindelbaum.	Blattwinkelständ. 2 blüthige Gabelrispe.
		Evonymus latifolius Breitblättr. Spindelbaum.	wie voriger.
		Evonymus verrucosus Warziger Spindelbaum.	wie voriger.
	Blme vollst., klein, 2⸗ od. 1 geschl. K. gl., 4-5 spalt., mit d. Röhre dem Frkn. angewachsen. — Kr. 4-5 blttr., klein, zw. d. Kzipfeln. Stbg. 4-5, d. Krblttrn. gegenstdg. Frkn. von einer drüsigen Scheibe umzogen, 2-4 fächerig; Gr. 1 mit 2-4 Narben. — Stbe. [Fam.: **Rhamneen.**]	a) Dornige: **Rhamnus cathartica** Kreuzdorn.	Blattwinkelständige Büschel.
		Rhamnus saxatilis Felsenkreuzdorn.	wie voriger.
		b) Dornlose: **Rhamnus Frangula** Fauldorn.	wie voriger.
		Rhamnus pumila Zwergfauldorn.	wie voriger.
	Blme vollst., klein, 2ge. — K. glock. od. tellerf., in der Röhre mit d. Frkn. verwachsen, am Saum 4-5 sp. — Kr. 4-5 blttrg., am Kelchschlund zw. d. Kzipfeln, regelm.— Stbg. 4-5 zw. d. Krblttrn. Frkn. 1 fächerig, vielsamig, mit 2 sp. Gr. — Vielsamige, v. d. Kzipfeln gekrönte Beere. [Fam.: **Grossularieen.**]	a) Dornige: **Ribes Grossularia** Stachelbeere.	Blattwinkelständ. 1-3blüthige Blumenstiele mit 2-3 Deckschuppen.
		b) Dornlose: **Ribes alpinum** Gebirgs-Johannisbeere.	Blattwinkelständ.; aufrechte Traube, deren Deckblätter länger als d. Blüthenstiele.
		Ribes rubrum Gemeine Johannisbeere.	Blattwinkelständ., nikende Traube m. kurzen Deckblttrn., kahl.
		Ribes petraeum Felsen-Johannisbeere.	wie vorige, schwach zottig behaart.
		Ribes nigrum Schwarze Johannisbeere.	Hängende, weichhaarige Traube mit langen Deckblättchen.

Pentandria.

Blüthendecke, nemlich 5 sp. Kelch und 1 blättr., 5 zahn. odor 5 blättr. Krone.

Blume.	Frucht.	Blätter.	Bemerkungen. Standort, Blüthezeit u. s. w.
Blme flach, grünlich, 4-5-blttr., sonst wie im allgem. Blcharakter.	meist 4 eckige, rosenrothe, stumpfkantige Ka, deren weisse Samen mit orangegelbem Mantel umhüllt sind.	gegenst., lanzettl., feingesägt.	Strauch, dessen junge Aeste 4 kantig und glatt sind. In Buschwäldern u. Hecken auf kalkgebendem Boden. 5. 6. Holz gelb, hart; gute Kohle.
Blme 5 blttr., grünlich, rothgerändert, sonst wie vorige.	5 klappige, purpurrothe Ka, im Uebrigen wie vor.	gegenst., rundl. od. längl. eirund, sonst wie vor.	Strauch in Gebirgswäldern, namentlich auf den Kalkalpen. 5. 6. Die Aeste rundlich; d. Fruchtstiele blutroth.
Blme wie vorige, Kr. blutroth punctirt.	4 klappige, honiggelbe Ka. mit blutrothem Samenmantel u. schwarzem Samen.	gegenst., länglich eirund, wie vor.	Strauch mit runden, braunwarzigen Aesten in Gebirgswäldern Ostdeutschlands v. Triest bis Preussen. 5. 6.
Ksaum 4 spaltig, zurückgeschlagen, abfallend. Kr. 4 blttr., grünlich. Stbg. 4 -, Blme 2 = und 1 ge.	schwarze, inwendig grünl., erbsengrosse Stbe.	gegenst., eirund, kleingesägt, convergirend nervig.	Strauch mit gegenständ. Aesten u. gabelständ. Dornen an der Spitze der Aeste. In Buschhölzern nam. auf Kalkhügeln. 5. 6.
wie vor., aber meist 1 ge und mit kaum bemerkl. borstl. Krblttrn.	wie vorige.	gegenst., lanzettl. kleingesägt.	Kleiner, sehr ästiger, liegender Str. mit endst. Dornen. Auf d. Kalkalpen. 5. 6.
K. 5 spalt. mit d. Saum abfallend. Kr. 5 blttr., röthlich. Stbg. d. Blume 2 ge.	erst rothe, dann schwarzbraune Stbe.	abwechselnd, eirund, gangr., zugespitzt, parallelnervig.	Strauch mit abwechselnd dornenlosen Aesten. In etwas feuchten Buschhölzern. 5. 6.
K. u. Kr. 4 blttr. Stbg. 4, Griffel 3 spalt. Blme 1 = u. 2 ge.	wachholderähnliche Stbe.	abwechselnd, eirund, zugespitzt, gesägt, parallelnervig od. nur wenig gebogen.	Kleiner, angedrückter, dornenloser Str. auf den Kalkalpen. 4 - 6.
K. glockig, mit zurückgeschlagenen Zipfeln. Kr. klein, 5 blttr.	kugelige od. eirunde, glatte od. borstigbehaarte, grünliche od. röthl. Be.	3-5 lappig, glänzend, in Büscheln, welche durch einen 3 theiligen Stachel gestützt sind.	Strauch mit Stacheln, an sonnigen, steinigen u. felsigen Orten. 4. 5.
K. flach, kahl. Kr. 5 blttr., gelblich, grösser als vor. Oft 1 geschl.	erbsengrosse, kugelige, rothe Be., fadschmeckend.	3 lappig, unten glänzend, einzeln u. abwechselnd.	Strauch an waldigen, felsigen Orten, ohne Dornen. 5. 6.
wie vorige, aber immer 2 ge. K. beckenförmig.	erbsengrosse, rothe od. gelbl., säuerlich-süss schmeckende Be.	3 - 5 lappig, gekerbt gesägt.	Strauch in Laubholzwaldungen der Alpen, im nördl. Deutschl. verwildert. 4. 5.
wie vor., Kr. röthl., gewimpert. K. glockig.	wie vorige.	fast 5 lappig, sägezähnig.	Strauch an feuchten, felsigen Orten, namentlich auf den Voralpen. 4 - 6.
K. glockenf., weichhaarig. Kr. röthlich.	schwarze, fast wie Wanzen riechende Be.	5 lappig, gesägt, unten drüsig behaart.	Strauch an feuchten, waldigen Orten u. an Bächen. 4. 5.

Lin. Ordnung	Allgemeiner Blumencharakter.	Arten.	Blumenstand.
1. 1 Stempel.	Blme vollst., 2ge., klein. — K. mit der Röhre dem Frkn. angew., am Saum 5zähn. — Kr. 5-10blttrg, am Rande einer oberw. Scheibe. — Stgef. 5-10, ebenfalls am Rande dieser Scheibe. — Frkn. 5-10fäch., mit 1 (od. auch mehr) Griffeln. [Fam.: **Araliaceen.**]	**Hedera Helix** Gemeiner Epheu.	Einfache Dolde.
	Blme vollst., 2ge., klein. — K. klein, 5zä. — Kr. 5blttg, an den Spitzen ihrer Blättchen zu einer Mütze verwachs. — Stgef. 5, wie die Kr. am Rande der Frknotenscheibe befestigt. — Frkn. frei, 1 Griffel. [Fam.: **Ampelideen.**]	**Vitis vinifera** Weinstock. Zusatz: **Ampelopsis hedera-cea**, sogenannter wilder Wein, stammt aus Nordamerika.	Aestige Traube.
	Blme vollst., 2ge. — K. klein, 5zä., mit dem Frkn. verwachs. — Kr. 1blttr., 5spalt., und entweder röhrig u. am Saume 2lippig (mit 4 Zipfeln an der obern u. 1 Zipfel an d. unteren Lippe), oder glockig und 5spalt. regelm. — Stgef. 5, frei, an der Krröhre. — Frkn. 3fäch., 3sam., mit fadenförmigem Griffel. — 3sam. Beere. [Fam.: **Caprifoliaceen-Lonicereen.**]	**a) Lonicera.** Arten mit aufrechtem Stamme und	blattwinkelständig zu zweien auf einem gemeinschaftl. Stiele.
		1) **Lon. Xylosteum** Heckenkirsche.	wie vor.
		2) **Lon. nigra** Schwarze Heckenkirsche. Zusatz: **Lon. tartarica**, aus Sibirien, mit hellrothen Blumen, herzeiförm. Blättern u. gelbrothen Beeren.	wie vor.
		3) **Lon. caerulea** Blaue Heckenkirsche.	wie vor.
		4) **Lon. alpigena** Alpen-Heckenkirsche.	wie vor.
		b) Caprifolium. Arten mit sich windendem Stamme.	Köpfchen u. blattwinkelständ. Quirle.
		5) **Lon. Caprifolium** Je länger je lieber.	wie angegeben, Köpfchen sitzend.
		6) **Lon. Periclymenum** Geisblatt.	wie vor., aber das endständige Köpfchen gestielt.

Pentandria.

mit fünf freien Staubgefässen.

Blume.	Frucht.	Blätter.	Bemerkungen. Standort, Blüthezeit u. s. w.
siehe Blumencharakter. Kr. grünlichweiss.	schwarze, 5-10-fäch. Beere.	5 lappig, lederig, glänzend; an den blühenden Aesten eif., ganzrandig, zugespitzt.	Der Stamm durch Haftwurzeln, welche er seiner Länge nach treibt, kletternd. In Wäldern, an Felsen und Mauern. Blüht im 8. u. 9., reift die Beeren im nächsten Frühjahre. — Beeren giftig.
siehe Blumencharakter.	4 samige Beere.	5 lappig, grobgezähnt.	Kletternder Strauch, welcher aus Kleinasien stammt und in Deutschland nur verwildert vorkommt, so in Wäldern an dem Rhein, der Donau und an den Hörselbergen bei Eisenach.
K. klein, mit 5 zähn. abfallendem Saum; Kr. kurzröhrig und 2 lippig oder regelmässig glockig und 5 spaltig.	3 fächer., nicht vom Kelchsaume gekrönte Beere.	gestd., eirund, ell., gz., nie durchwachsen vom Stengel.	
blassgelb, weichhaarig; mit zusammengewachs. Frkn.	rothe, 4 samige Zwillingsbeere.	stumpf, eirund, weichhaarig,	Str. mit graden, gespreitzten Aesten u. blttr. Rinde. In etwas feuchten Buschwäldern u. schattigen Hecken. 5. 6.
aussen rosenroth, innen weiss; sonst wie vor.	schwarze Zwillingsbeere.	länglich elliptisch.	Str. mit bogigen Zweigen. In Gebirgswäldern an feuchten, schattigen Orten. 4. 5.
blassgelb, oft fast regelm. 5 spalt.	schwarzblaue Zwillingsbeere.	länglich ellipt., kurzgestielt.	Gebirgsstrauch namentlich in den Alpen. 4. 5.
purpurroth; Frkn. fast bis an die Spitze zusammengewachsen.	dunkelrothe Be.	ell., langzugespitzt.	Alpenstrauch. 5. 6.
K. klein, mit 5 zähn. bleibendem Saum; Kr. langröhrig mit 2 lipp. Saum, welcher sich zurückbiegt.	einfache, von den Kelchzipfeln gekrönte Beere.	gegenständig.	Klimmende u. sich windende Sträucher. Blume wohlriechend.
gelblichweiss oder röthlich.	orangegelbe, eirunde Beere.	längl. u. zugespitzt, die obersten verwachsen u. durchbohrt.	Waldige Gebirgsorte im südlichen Deutschland. 5. 6.
gelblich.	rothe, birnförmige Beere.	eif., stumpf, die obersten nicht verwachsen.	Buschwälder auf Kalkhügeln. 6. 7.

Lin. Ordnung	Allgemeiner Blumen- charakter.	Arten.	Blumenstand.
3. 3 Griffel oder 3 Narben.	Blme vollst., 2ge. — K. klein, mit dem Frkn. verwachsen u. mit ab- fallenden Zähnen. — Kr. 1 blttr., glock- oder radförmig, 5 spaltig, weiss. — Stbgef. 5, frei, in der Krröhre. — Frkn. 3 fächerig, mit 3 Narben od. auch mit 1 Griffel, welcher 3 Narben hat. — 3 sam. Beere. [Fam.: **Sambucineen** oder **Viburneen**.]	**Viburnum Opulus** Gemeiner Schneeball.	Endstd. Trugdolde, deren Randblumen gross, geschlechtslos und radförm., 5 lapp. sind.
		Viburnum Lantana Wolliger Schneeball.	Trugdolde, deren Rand- blumen wie d. Scheiben- blumen sind.
		Sambucus nigra Gemeiner Hollunder.	Endstd. Trugdolde mit 5 Hauptästen.
		Sambucus Ebulus Attich.	Endstd. Trugdolde mit 3 Hauptästen.
		Sambucus racemosa Traubenhollunder.	Aestige Rispen od. Trau- ben.
	Blme vollst., 2 ge. — K. 5 theil., im Grunde mit einer Scheibe. — Kr. 5 blttr., regelm., weiss. — Stgef. 5, frei, am Rande der Scheibe. — Frkn. 2-3 lapp., mit 3 Griffeln. — 2-3 fäch. aufgeblasene Kapsel. [Fam.: **Staphyleaceen**.]	**Staphylea pinnata** Pimpernuss. Bemerkung: In die V. Cl. 3. Ordn. gehören auch die aus Nordamerika stammenden Arten des Sumach (Rhus): Rh. typhina (Hirschkolbensumach); Rh. Co- tinus (Perückensumach) u. Rh. Toxicodendron, welche alle drei in Parkanlagen vorkommen und in die Fam. der *Terebinthaceen* gehören.	Hängende Trauben.
2. 2 Griffel oder 2 Narben.	Blme mit einfacher, 1 blttr., glocki- ger, 4-8 zähniger, breitgedrückter Blüthenhülle. — Blüthe 1- u. 2- geschl.; mit 4, 5—12 unterweib. Stbgef. u. breitgedrücktem, 5 fäch. Frkn. mit 2 langen Griffeln. — 1 sam. randflügel. Nuss. [Fam.: **Ulmaceen**.]	**Ulmus campestris** Feldrüster. Zusatz: *Ulmus suberosa*, Korkulme, mit korkig ge- flügelter Rinde.	Seitenstd., fast stiel- lose, Blumenbüschel v. d. Blttrn (Köpfchen).
		Ulmus effusa Flatterulme. Zusatz: *Ulmus coryllifolia*, Haselulme, mit fast breit- eirund., langzugespitz- ten, vorn 3 fachen Säge- zähnen u. kreisrunden, kahlen Nüssen. (Abart von U. campestris?)	Seitenständ., hängende, gestielte Rispen- büschel.

Pentandria.

Blüthendecke, nemlich 5 sp. Kelch und 1 blättr., 5 zähn. oder 5 blättr. Krone.

setzung.]

Blume.	Frucht.	Blätter.	Bemerkungen. Standort, Blüthezeit u. s. w.
Kr. der Scheibenblume glockig u. 2 ge., weiss.	1 sam., rothe, von d. dürren Kelchzipfeln gekrönte Beere.	gestd., 3-5 lappig, die Lappen gezähnt, glatt; Blattstiele kahl.	Str. an feuchten Orten, in Buschhölzern, an Bächen u. s. w. 5. 6.
alle Blumen klein, glock., 5 spalt., 2 ge.	wie vor., aber flach-eirund und bei der Reife fast schwarz.	gestd., eif., am Grunde fast herzf., ges., gez., unterseits runzelig aderig u. wie die Stiele filzig.	Str. in sonnigen Buschhölzern, namentlich auf Kalkhügeln. 5.
Kr. fast radförm., weiss.	3-5 sam., schwarze, nicht vom K. gekrönte Be.	gest., unpaarig gef., mit 5 eif., gesägten Fiederblättern.	Kleiner Baum od. auch Str. mit starkem Markkörper u. krautigen Trieben an feuchten Orten. 6. 7.
Kr. glockig, radförmig, röthlichweiss.	wie vor.	wie vor., aber mit 3-7 lanzettl. Fiedern.	Krautiger Str. am Rande von Gebirgswäldern, auf Schuttboden. 7. 8.
Kr. radförmig, unrein grünlichweiss.	wie vor, aber roth.	wie vor., aber eilänglich, zugespitzt, feingesägt.	Str. mit gelbem Mark in den Aesten in Gebirgswäldern auf steinigem Schuttboden. 4. 5.
Kr. glockig, weiss.	2-3 fäch., aufgeblas. Ka., mit 2-3 Samen mit erbsgelber knöcherner Schale.	gefiedert, mit 5-7 lanzettl, gesägten, kahlen Fiedern.	Gebirgsstr. in Süddeutschland von Baden bis Oestreich; in Norddeutschland nur verwildert. 5. 6.
Perigon klein, röthlich, bleibend am Grunde der Frucht, fast stiellos.	1 sam., eirundflügelige, kahle Nuss.	abwechselnd, zweizeilig stehend; eirund, am Grunde ungleich, doppelt gesägt, oberseits rauh (bei Ulmus glabra glatt).	Hoher Baum in Wäldern u. Vorhölzern, namentlich auf humosem Boden in Gebirgsbuchten, Thälern und Ebenen. 3. 4.
Perigon wie vor., aber langgestielt.	wie vor., aber am Rande zottig behaart.	wie vor., aber an der Spitze ausgezogen (und mit 2 kleineren Nebenspitzen).	Hoher Baum in Gebirgswäldern mit humosem Boden. 3. 4.

VI. Classe.

Vollständige, zweigeschlechtige Blumen mit **sechs** freien Staubgefässen

Lin. Ordnung	Allgemeiner Blumen- charakter.	Arten.	Blumenstand.
1. 1 Griffel.	Blme wie oben. — K. 6 blttr. — Kr. 6 blttr., regelmäss., napfförm., gelb. — Stbgef. 6, frei, unterw. — Frkn. 1, frei, oberstd., mit 1 Griffel u. kopfiger Narbe. — Fr. 2 sam., eirunde Beere. [Fam.: **Berberideen.**]	**Berberis vulgaris** Gemeiner Sauerdorn.	Einf. hängende Tr., aus einem Blattbüschel her- vorkommend.

VII. Classe.

Vollständige, zweigeschlechtige Blumen

Lin. Ordnung	Allgemeiner Blumen- charakter.	Arten.	Blumenstand.
1. 1 Griffel.	K. glockig, 5 zähn. — Kr. unregel- mässig, 4-5 blttr, unter einer unterweib. Scheibe befestigt. Stgef. 7-8, frei, ungleich, auf der unterweib. Scheibe. — Frkn. 1, 3 fäch. — Fr. 2-4 sam., kugel. Ka. [Fam.: **Hippocastaneen.**]	**Aesculus Hippocasta- num** Rosskastanie. Hierher auch: 1) **Aesculus rubicunda.** 2) **Pavia rubicunda** oder **rubra.** 3) **Pavia flava.**	Aufrechte, steife Traube (Strauss). wie vor. wie vor. wie vor.

VIII. Classe.

Vollständige, regelmässige, zweigeschlechtige

Lin. Ordnung	Allgemeiner Blumen- charakter.	Arten.	Blumenstand.
1. 1 Griffel mit 2 Narben.	K. 4-5 theil., mit ringförm. Scheibe. — Kr. 4-5 blttr., am Rande der Scheibe zwischen den Kelchzipfeln. — Stbgef. 8, frei, auf der Ring- scheibe. — Frkn. auf d. Scheibe, 2 lappig, 2 fächerig, 1 griffelig. — Fr. 2 flügelige Nüsse, welche sich bei der Reife in 1 flügel. Linsen- nüsschen trennen. Keim grün. [Fam.: **Acerineen.**]	**Acer Pseudoplatanus** Bergahorn. **Acer platanoides** Spitzahorn. **Acer campestre** Feldahorn. **Acer dasycarpum** Filzfrüchtiger Ahorn. **Acer monspessulanum** Französischer Ahorn. Zusatz: In Anlagen kommen noch vor: 1) **Acer striatum.** 2) **Acer tartaricum.** 3) **Acer Negundo.**	Hängende Traube. Aufrechte Doldentraube (Ebenstrauss). Schlaffe Doldentraube (Ebenstrauss). Aehrenbüschel. Hängende Doldentraube Hängende Traube. Doldentraube. Hängende Traube.

Hexandria.

und sechsblättriger (oder sechstheiliger) regelmässiger Krone.

Blume.	Frucht.	Blätter.	Bemerkungen. Standort, Blüthezeit u. s. w.
wie beim allgemeinen Blumenchaiakter angegeben.	länglich eirund, feingesägt; an den frischen Trieben einzeln, an den älteren Zweigen büschelig u. mit 2-3 Dornen.		Str. auf kalkhaltigem Boden, auch auf Flussgeröllen in Buschhölzern. 5-6. Die Beeren geben guten Essig, auch macht man sie in Zucker ein.

Heptandria.

mit sieben freien Staubgefässen.

Blume.	Frucht.	Blätter.	Bemerkungen.
weiss, roth oder gelb gefleckt.	Kapsel igelstachelig; Samen halbkugelig, grossnabelig, lederschalig, glänzend braun.	5 fingerig; die Fingerblätter verkehrt keilförmig, gezähnelt.	Ba. mit grosser Kugelkrone, aus Asien stammend. In Alleen. 5-6. Die Samen reich an Stärkemehl u. Potasche; gutes Futter für Hufthiere. Im Holze die Raupe von *Cossus aesculi*.
roth.	—	fingerblättrig, runzelig.	
K. röhrig; Kr. 4blttr., roth.	Kapsel glatt	fingerblttrg, länglich eirund, glatt.	Bäume aus Nordamerika. In Alleen.
wie vor., aber gelb.	wie vor.	wie vor.	

Octandria.

Blumen mit acht freien Staubgefässen.

Blume.	Frucht.	Blätter.	Bemerkungen.
grün; mit den Blättern erscheinend.	Fruchtflügel spitzwinkelig.	gross, 5 lppg, unterseits mattgrün; Lappen kurzgespitzt, ungleich ges.	Bm der Gebirge mit weissem Holze. 5-6. Im Holze die Raupe von *Cossus aesculi*.
grüngelb; vor d. Blttrn.	Frflügel stumpfwinkelig.	gross, buchtig, 5 lappig, langhaarspitzig, wenig gezähnt.	Baum des Hügellandes mit weissem Holze. 5-6. An d. Blättern der Maikäfer.
grünlich; nach d. Blttrn.	Frflügel wagrecht.	klein, buchtig, 5 lappig, Zipfel abgerundet, ganzrandig.	Bm od. Str. mit kork. Rindenwulsten. In Feldhölzern. 5. An d. Blttrn der Maikäfer.
gelbroth, klein; vor den Blttrn.	Frflügel klein, sehr spitzwinkelig, filzig.	mittelgross, 5 lppg; Lappen langzugespitzt, ges.	Baum aus Nordamerika in Parks und Alleen. 3-4.
gelbgrün; vor d. Blttrn.	Frflügel sehr spitzwinkelig.	mittelgross, 3 lppg; Lappen stumpf, ganzrandig.	Baum auf felsigen Gebirgen (zw. Mosel u. Nahe am Hunsrück u. Donnersberg). 4.
grün; nach den Blättern.	mit kleinen, spitzwinkeligen Flügeln.	gross, 3 lappig, gesägt.	Kleiner Bm mit weissgestreifter Rinde. Aus Nordamerika.
weiss.	mit rothen Flügeln.	eirund, ungleich gesägt.	Kleiner Bm aus Osteuropa. 5.
klein, weisslich.	—	gefied., mit 3 lapp. Endblatt.	Schöner Bm aus Nordamerika.

Lin. Ordnung	Allgemeiner Blumen-charakter.	Arten.	Blumenstand.
1. 1 Griffel.	K. 4-5spalt. od. theil., frei, bleibend. — Kr. 1 blttr., 4-5 spalt. od. theil., an einer unterw. Scheibe. — Stgef. 8, frei, am Rande der unterweib. Scheibe befestigt, mit gespornten oder gehörnten Staubbeuteln. — Frkn. frei, auf der unterw. Scheibe, vielfäch. mit 1 Griffel u. schildförm. Narbe. — Fr. Ka. od. Be. [Fam.: **Ericineen.**]	**Calluna vulgaris** Gemeines Haidekraut. **Erica Tetralix** Moorhaide. **Erica carnea** Fleischfarbige Haide.	Einseitswendige Aehre. Gipfelständ. Köpfchen, überhängend. Einseitswendige, kurzästige Traube.
	K. mit dem Frkn. verwachs., daher scheinbar oberstd, ganzrandig od. 4-5 zähn. — Kr. 1 blttr., 4-5 zähn, am Rande des K. befestigt. — Stbgef. 8-10, am Rande einer, auf dem Frkn. befindlichen, gekerbten Scheibe stehend. — Fr. mehrsamige Beere. [Fam.: **Vaccinieen.**] (Vergleiche unten: X. Classe.)	a) Mit abfallenden Blättern: **Vaccinium Myrtillus** Heidelbeere. **Vaccin. uliginosum.** Rauschbeere. b) Mit immergrünen Blättern: **Vaccin. Vitis idaea** Preusselbeere. **Vaccin. Oxycoccos** Moos-Heidelbeere.	Blüthen einzeln in den Blattwinkeln, überhängend. Blüthen gipfelständig zu mehreren beisammen, überhängend. Gipfelstd. überhängende Träubchen. 2-3 langgestielte Blüthen an d. Spitze d. Zweige.
	Blme unvollst. — Perigon unterständig, röhrig-trichterig, 4 spalt., meist rosenroth. — Stbgef. 8, frei, der Röhre eingefügt. — Frkn. 1, frei, mit 1 Griffel. — Steinbeere. [Fam.: **Thymeleen.**]	**Daphne Mezereum** Kellerhals, Seidelbast. **Daphne Cneorum** Steinröschen.	Unterbrochene Aehre an den Seiten der vorjährigen Zweige. Gipfelständige Büschel.

X. Classe.

Vollständige, regelmässige, 5 blättrige oder 5 spaltige,

1. 1 Griffel.	[Fam.: **Vaccineen.**] (Vergleiche oben: VIII. Classe.)	**Vaccin. Vitis idaea.** **Vaccin. uliginosum.** **Vaccinium Myrtillus.**	siehe oben VIII. Classe.

Octandria.

Blumen mit **a c h t** freien Staubgefässen.

Blume.	Frucht.	Blätter.	Bemerkungen. Standort, Blüthezeit u. s. w.
K. 4 theil., **länger als die Krone** u. röthlich; Krone glockig, 4 spalt., röthlich.	4 fäch. Ka., von der dürren Kr. umhüllt.	schuppig-nadelig, um die Stengel 4 reihig, dachziegelartig gestellt.	Gerbstoff u. Wachsharz haltiger, kleiner Str. auf sandreichem Boden.
K. 4 blttr., **kürzer als die Krone**; Kr. eikrugförmig, 4 zähnig, fleischfarbig.	wie vor.	linealisch, am Rande abgerundet, zu 3—4 in Halbquirlen, rauhhaarig gewimpert.	Strauch auf moorigem Sandboden u. Hauptbildner der Hochmoore. 7-9. Vorherrschend im nordwestlichen deutschen Tieflande.
K. 4 blttr., **halb so lang als die Krone**; Kr. krugig, röhrig, 4 zahn., fleischfarbig.	wie vor.	linealisch, scharfrandig, zu vieren stehend.	Gebirgsstrauch in den Alpen, Oestreich, Böhmen, Schlesien. 4-5.
K. ganzr.; Kr. kugelig, rosenroth angelaufen.	schwarze Beere oben mit grossem Nabel.	eirund, kleingesägt.	Kleiner Strauch mit grünen, **scharfkantigen Aesten**, vorzügl. in bergigen Laubwäldern auf sandigem Boden. 5-6.
K. 5 zähn.; Kr. eiförm., weissröthlich.	wie vor.	eirund, gzr., unten grau.	Str. mit grauen **runden** Aesten auf Moorboden bis in die Alpen. 5-6.
K. 4 zähn.; Kr. glockig, weiss.	rothe, kleinnabelige Beere.	eirund, gzr., am Rande umgerollt, unterseits punktirt.	Str. mit stielrunden Aesten vorzüglich auf quelligem Sandboden in Wäldern namentlich von Birken. 5-7.
Kr. purpurroth, mit 4 zurückgerollten Zipfeln, sternförmig.	rothe Beere.	klein, eirund, spitz, unterseits grau.	Kleiner Str. mit fadenförm., kriechenden Aesten u. Stämmen im Moose von moorigen Orten. 6-8.
Perigon bläulich-rosenroth, trichterig, wohlriechend.	1 sam., rothe Steinbeere.	lanzettf., zuerst in Büscheln an d. Spitzen d. Zweige, später abwechselnd an den Trieben.	Strauch mit giftiger Rinde, welche Blasen zieht. In Wäldern mit humosem Boden, namentl. auf kalkhaltigem. Blüht v. d. Blttrn im 3-4.
Perigon rosenroth.	1 sam., braune Steinbeere.	schmal-lanzettförm., kurz stachelspitzig, immergrün.	Kleiner Strauch auf trockenen Triften der Kalkalpen u. der Gebirge Schwabens, Baierns, Oestreichs, Schlesiens. 6-7.

Decandria.

zweigeschlechtige Blumen mit **z e h n** freien Staubgefässen.

X. Classe.

Vollständige, regelmässige, 5 blättrige oder 5 spaltige,

Lin. Ordnung	Allgemeiner Blumencharakter.	A r t e n.	Blumenstand.
1. 1 Griffel.	K. 5 spaltig. — Kr. 5 spaltig oder 5 blttr., trichterig od. radförm. — Stbgef. 10, frei. — Fr. 5 fächer. Beere od. Kapsel. — Sonst alles wie bei den *Ericineen* (VIII. Cl.). (Meist immergrüne Sträucher.)	**Arbutus Uva ursi** Bärentraube. Auf Felsen der Alpen wächst **Arbut. alpina.** **Andromeda polifolia** poleiblättrige Lavendelhaide. **Arbutus calyculata.** **Ledum palustre** Sumpfborst. Hierher gehört auch: **Rhododendron ferrugineum.** **Rhododendron hirsutum.**	Kleine, gipfelstd. Traube. ebenso. Gipfelständige Dolde. ebenso. Gipfelständige Dolde. Doldentraube. Fast doldenförmig.

XII. Classe.

Vollständige, regelmässige, 5- od. 4 blättrige, zweigeschl. Blumen mit zahlreichen,

Lin. Ordnung	Allgemeiner Blumencharakter.	A r t e n.	Blumenstand.
1. 1 Griffel.	K. 1 bl., mit der glockigen Röhre dem Frkn. angewachs., am Saume 4-5 sp. — Kr. 4-5 bl., am Kschlund befestigt. — Stbgef. ebenfalls am Kschlund befestigt. — Frkn. mit der Kröhre verw.; Gr. tief 4 spalt — Fr. 4-5 fäch., vielsam. Ka. [Fam.: **Philadelpheen.**]	**Philadelphus coronarius** Pfeifenstrauch.	Traube.

In die 1. Ordnung gehört auch:

Myrtus communis, Myrte: *Myrtaceen,* (z. B. an Felsen bei Triest).

Punioa granatum, Granate: *Granateen,* (z. B. in Südtyrol verwildert).

24

Decandria.

zweigeschlechtige Blumen mit **z e h n** freien Staubgefässen.

Blume.	Frucht.	Blätter.	Bemerkungen. Standort, Blüthezeit u. s. w.
K. 5 spalt.; Kr. eiförmig-glockig, 5 spalt., fleischfarbig.	5 sam. Stbe., roth.	verkehrt-eiförmig, ganzr., kahl, immergrün.	Kleiner liegender Strauch auf Haiden u. in Fichtenwäldern Nord- und Süddeutschlands. 5-6.
ebenso, aber Kr. weiss, mit grünen Spitzen.	ebenso.	ebenso, aber am Rande gesägt.	Liegender Strauch. 5-7.
Kr. glockig, 5 spaltig, weiss ins Röthliche; K. rosenroth.	5 fäch., 5 klappige Ka	lineal-lanzettl., am Rande umgerollt, glänzend.	Kleiner Str. auf Torfmooren, meist in der Gesellschaft der Moorhaide. 6-7.
ebenso.	ebenso.	länglich-eirund, beiderseits schuppig.	Moororte in Ostpreussen. 4-5.
K. klein, 5 zähnig; Kr. 5 blttr., radförm., weiss.	5 fächerige Kapsel.	linealig, am Rande umgerollt, unterseits rostfarbig, filzig.	Str. und Gesellschafter der Moorhaide auf Mooren namentlich Norddeutschlands. 5 - 7.
Kr. trichterf., 5 theilig, roth.	5 fächerige Kapsel.	länglich-lanzettlich, ganzr. unterseits rostbraun.	Strauch auf den Urschieferalpen. 6-8. Als **A l p e n - r o s e** bekannt.
wie vor.	wie vor.	längl.-lanzettl., gekerbt, kahl, unterseits punktirt.	Namentlich auf den Kalkalpen. 5-7.

Icosandria.

freien Staubgefässen, welche am Kelchsaume oder Kelchschlunde befestigt sind.

| wie vorn angegeben; weiss, stark riechend. | wie vorn angegeben. | elliptisch, zugespitzt, gesägt-gezähnelt. | Strauch in Anlagen u. Hecken, aus Südeuropa stammend. 4-6. |

Lin. Ordnung	Allgemeiner Blumen-charakter.	Arten.	Blumen-stand.
1. 1 Griffel.	K. 1 blättrig, glockig, am Saume 5 spaltig und mit Schlundring, an welchem die 5 Krblätter und die Stbgef. befestigt sind. — Frkn. 1, frei, mit 1 Gr. — Fr. 1-2 sam. Steinbeere od. Steinfrucht. [Fam.: **Drupaceen** oder **Amygdaleen.**]	a) Blumen einzeln od. zu zweien; bereifte, kugel. od. eif. Stfr. mit rundem od. eif., flachen Steinkern; Blttr in d. Jugend meist zusammengerollt. (Rotte der Pflaumen, **Pruni.**) **Prunus spinosa** Schlehe. Cultivirt u. verwildert kommen vor: 1) **Prunus insititia** Kriechenpflaume. 2) **Prunus domestica** Zwetsche. 3) **Prun. Armeniaca** Aprikose. 4) **Persica vulgaris** Pfirsiche. 5) **Amygdalus communis** Mandel. b) Blumen in Dolden, Trauben od. Traubendolden. Kugelige, unbereifte Stbe. mit glattem, kugel. Steinkern; Blttr in d. Jugend zusammengefaltet. (Rotte der Kirschen, **Cerasi.**) 1) **Prunus Cerasus** Sauerkirsche. 2) **Prunus avium** Süsskirsche. 3) **Prunus Chamaecerasus** Zwergkirsche. 4) **Prunus Padus** Traubenkirsche. 5) **Prunus Mahaleb** Weichselkirsche.	Blmen einzeln od. zu 2-3 beisammen an d. Seiten der Zweige. Blmen zu 2, Blumenstiele feinflaumig. Blmen zu 2; Stiele flaumig. Blmen einzeln, kurz gestielt. Blumen einzeln. Blumen paarweise. Kurzgestielte Do. mit Blätterschuppen. Sitzende Do. ohne Blätterschuppen. Sitzende, unten beblätterte Do. Hängende Traube. Einfache, gewölbte Traubendolde (Ebenstrauss).
2. 2-5 Griffel.	K. glockig od. krugförm., mit dem Frkn. verw., am Saume 5 spalt. — Kr. 5 blttr., am Kelchschlundringe ebenso wie die zahlreichen Stbgef. befestigt. — Frkn. 2-5 fäch., oben mit einer Scheibe, auf welcher 1-5 Gr. stehen. — Fr. ein von den dürren Kzipfeln gekrönter u. 1-5 Stein-, Pergament- od. Hautfächer umschliessender Apfel. [Fam.: **Pomaceen.**]	Apfel mit Steinsamen: **Mespilus germanica** Mispel. **Cotoneaster vulgaris** Steinmispel. **Cydonia vulgaris** Quitte.	Einzelne Blume in einem Blattbüschel. Einzeln in den Blattwinkeln. Einzeln, gipfelstd.

Icosandria.
Staubgefässen, welche am Schlunde des Kelches befestigt sind.

Blume.	Frucht.	Blätter.	Bemerkungen. Standort, Blüthezeit u. s. w.
weiss; Blumenstiele kahl; vor d. Blttrn erscheinend.	kugelige, weisslich angehauchte, aufrechte Stbe. mit glatter Schale.	länglich-eirund, gesägt; jung zusammengerollt.	Dorniger Str. an sonnigen, steinigen Orten. 4-5.
weiss; vor od. mit d. Blttrn; Krblttr rund.	kugelig od. eirund, violett, gelb oder grün, nickend.	elliptisch, einfach-gesägt.	Bm in vielen Abarten, überhaupt Stammbaum aller runden Pflaumenarten. 5-6.
grünl.-weiss; Krblttr länglich-eiförmig.	längl.-eirund, weiss-bereift, mit zusammengedrückter, runzel. Schale.	elliptisch, doppelt-gesägt.	Stammvater aller länglichen Pflaumen. 5.
weiss, röthl. angelaufen.	kugelig, mit sammtartiger Haut.	eiförmig, doppelt-gesägt.	Stammt aus Armenien. 4.
hellrosenroth.	saftige Stbe. mit gefurchter, durchlöcherter Schale.	lanzettf., spitz und doppelt-gesägt.	Stammt aus Asien. 3-4.
ebenso.	saftlose Steinfr. mit durchlöcherter Holzschale.	lanzettförm., drüsig-gesägt.	Cultivirt in Gärten. 3-4. In Gärten wird als Zierstrauch gezogen: *Amyydalus nana.*
weiss, gross; mit d. Blttrn.	Kirsche gross, sauer schmeckend.	kahl, glänzend, mit drüsenlosen Stielen.	Bm, in der Wildniss niedrig, mit hängend. Zweigen; Wurzel mit Ausläufern. Aus dem Orient stammend; auf Kalkhügeln verwildert. 3-5.
weiss, gross; kurz vor d. Blttrn.	Kirsche kleiner, süss; wild: roth; cultivirt: schwarz.	etwas runzelig, unterseits flaumig, an den Stielen 2 kleine, braune Drüsen.	Bm auf kalk. Bergen in den Wäld. bis 2000' hoch steigd; Wurzel ohne Ausläufer. Auch cultivirt u. die Stammmutter aller Süsskirschen. 4-5.
weiss, eiförmige Blttr.	aromatisch-säuerlich schmeckende, dunkelrothe bis schwarze Kirsche.	kahl, glänzend, lanzettlich, zugespitzt; die der Seitenknospen eirund, stumpf.	Klein. Str. auf Berggehängen, namentl. mit kalkig. Boden. Auch cultivirt u. Mutter der Ostheimer Kirschen. 4-5.
ebenso.	kleine, schwarze, herbschmeckende Kirsche.	ell., fast dopp.-gesägt, runzel., mit 2drüsigem Stiel.	Bm in feuchte Gebirgswäldern. 5.
ebenso.	ebenso.	rundlich-eiförm., stumpfgesägt, wohlriechend.	Bm od. Str. mit wohlriehender Rinde. In Gebirgswäld. u. an steinigen Orten namentl. der Kalkalpen. Auch cultivirt. 5-6.
gross, rosf., grünlichweiss, mit weit hervorragenden Zipfeln des kreiselförm. K.	umgekehrt zwiebelförmiger Apfel, oben mit breiter Scheibe.	länglich-lanzettlich, gzr., unterseits filzig.	Bm an gebirgigen Orten unter Gebüsch in Süddeutschland. In Norddeutschland nur cultivirt u. verwildert. 5.
klein, mit aufrechten, rosenrothen Krblttrn.	rothes Beerenäpfelch. mit 3-5 freien, an d. Spitze offenliegend. Steinsamen.	rundlich-eiförm., gzr., unterseits weissfilzig.	Str. an steinigen oder felsigen Gebirgsorten, namentlich auf Kalk. 4-5.
gross, rosf., röthlichweiss; K. filzig.	gelber, filzschaliger Apfel mit vielen schleimumhüllten Samen.	gross, eirund, gzr., unterseits filzig.	Felsige, buschreiche Orte Süddeutschlands; in Nddeutschl. cultivirt u. nur verwildert. 5.

XII. Classe.

Vollständige, regelmässige, 5 blättrige Blumen mit zahlreichen,

[For·

Lin. Ordnung	Allgemeiner Blumencharakter.	Arten.	Blumenstand.
2. 2-5 Griffel.	Fortsetz. der Fam. **Pomaceen.** K. glock., mit d. Frkn. verwachsen, am Saume 5spal. — Kr. 5blttr., rosenförm., ebenso wie die zahlr. Stbgef. am Schlundringe des. K. befestigt. — Fr. ein von d. dürren Kzipfeln gekrönter Apfel od. Beerenapfel.	a) Beerenapfel mit 1-2 Steinfächern: 1) **Crataegus Oxyacantha** Gem. Weissdorn.	Dolde oder Doldentraube mit kahle Blumenstielen.
		2) **Crataeg. monogyna** Einsamiger Weissdorn.	Ebenso, aber mit zot tigen Blumenstie len.
		b) Apfelfrucht mit 3-5 pergamentartigen Samenfächern: 1) **Pyrus communis** Birnbaum.	Einfache Dolde ode Doldentraube.
		2) **Pyrus Malus** Apfelbaum.	Einz. zwischen Blattbüscheln.
		c) Beerenapfel mit sehr dünnen, häutigen, kaum sichtbaren Fächern: 1) **Amelanchier vulgaris** Felsenmispel.	Doldentraube.
		2) **Sorbus aucuparia** Gem. Eberesche.	Aest. Doldentraube.
		3) **Sorbus domestica** Speierling.	ebenso.
		4) **Sorbus hybrida** Bastard - Eberesche.	wie vorige.
		5) **Sorbus Aria** Mehlbeerbaum.	wie vorige, aber m weissfilzigen Stieler
		6) **Sorbus latifolia** Breitblttr. Mehlbeere.	wie vorige.
		7) **Sorbus torminalis** Elsbeerbaum.	Aest. Doldentraube.
		8) **Sorbus Chamaemespilus.** Zwergeberesche.	wie vorige.

Icosandria.

freien, am Schlunde des Kelches befestigten, Staubgefässen.

setzung.]

Blume.	Frucht.	Blätter.	Bemerkungen. Standort, Blüthezeit u. s. w.
weiss; Kröhre k a h l, mit 2 Gr.	e i r u n d e s, rothes, 2 - 3 s a m i g e s Beeren- äpfelchen.	verkehrt - eirund, 3 - 5- l a p p i g, eingeschnit- ten, gesägt, kahl.	Kleiner Bm od. Str. in Ge- büschen u. Hecken. 5-6.
weiss; Kröhre z o t- t i g, mit meist 1 Gr.	k u g e l i g e s, rothes, 1 s a m i g e s Beeren- äpfelchen.	verkehrt - eirund, t i e f 5 s p a l t i g, sonst wie vorige.	Str. mit vorigem zusammen, aber 14 Tage später (im Juni) blühend.
weiss; mit 4 bis 5 f r e i e n Gr. Stbeu- tel b r a u n r o t h.	kreiselförmiger, an der Basis nicht vertiefter Apfel (B i r n e).	eif., langzugespitzt, glatt; so lang als der Blatt- stiel.	Bm mit rissig-korkiger Rinde u. meist aufgerichteten Aes- ten. In Feldhölzern. 5-6.
gross, rosenroth ge- schminkt; mit 4 - 5 am G r u n d e v e r- w a c h s e n e n Gr. Stbtl. g e l b.	rundlicher, am Grunde vertiefter Apfel.	eirund, kurzzugespitzt, unterseits filzig; länger als die Blattstiele.	Bm mit blättrig glatter Rinde u. meist sperrig abstehenden Aesten. In Feldhölzern. 5.
weiss, mit lanzettl. Krblttrn.	3 - 5 samiges, schwarzes Beerenäpfelchen.	eirund, stumpf, unter- seits weissfilzig.	Kleiner Bm an Kalkfelsen (Kalkalpen, im Rheinge- birge bis Coblenz, Thü- ringen). 4-5.
weiss, rosenförmig; Frkn. 5 fächer., mit 2 Gr.	rothes, kugeliges Beeren- äpfelchen mit 1 - 3 Sa- men.	unpaarig gefiedert; die Fieder gesägt, in der Jugend zottig.	Bm mit f i l z i g e n Knospen; auf kahlen Hügeln, Mauern u. in Wäldern. 5-6.
wie vor.	birnförmiges Aepfelchen.	wie vor.	Bm mit k a h l e n Knospen; wild in d. östl. Alpengegen- den, sonst nur cultivirt. 5-6.
wie vor.	rothes, rundes Beeren- äpfelchen.	am Grunde halbgefiedert od. fiederspaltig, an der Spitze nur doppelt-ge- sägt, unterseits weissfilz.	Bm in felsigen Gebirgswäl- dern (am Südabhange des Thüringer Waldes). 5-6.
wie vor.	rothes und gelbes, filz- häutiges Beerenäpfel- chen; mehlig.	länglich - eirund, d o p- p e l t - g e s ä g t, unter- seits weissfilzig.	Bm in Gebirgswäldern haupt- sächlich auf kalkhaltigem Boden. 5-6.
wie vor.	rothes, mehliges Beeren- äpfelchen.	breit-eiförmig, am Rande g e s ä g t - g e l a p p t, unterseits weissfilzig.	In Laubwäldern auf kalkhal- tigem Boden (in Würtem- berg, am Thür. Walde). 5.
wie vor.	lederbraunes, weisspunk- tirtes, eirundes Beeren- äpfelchen.	breit-eif., am Rande mit 5-7 spitzen Lappen, de- ren unterste senkrecht vom Mittelnerv abstehen.	Baum in Kalkbergwäldern. 5-6.
rosenroth, mit auf- rechten Krblttrn.	erst rothes, zuletzt schwarzrothes Beeren- äpfelchen.	lanzettl., doppelt-gesägt, kahl od. filzig.	Str. an felsigen Gehängen der Alpen, Vogesen u. des Riesengebirges. 6-7.

Vollständige, regelmässige Blumen mit 5 blättriger Krone und zahlreichen,
[Fort

Lin. Ordnung	Allgemeiner Blumencharakter.	Arten.	Blumenstand.
2. 5 Griffel.	K. flach, glock., 5 spalt., unterst.. — Kr. 5 blttrg., rosenf., klein. — Frkn. 5, fr., im K. — Fr. 5 spitze, im Kreis stehende, an der Innenseite aufspringende, 2-4 sam. Kaps. [Fam.: **Spiraeaceen.**]	**Spiraea salicifolia** Weidenblättr. Geisbart. **Spiraea carpinifolia** Hainbuchenblättr. Geisbart. Auf d. Alpen v. Krain u. Kärnthen kommen noch vor und ausserdem cultivirt in Anlagen: Spiraea ulmifolia. Spir. chamaedryfolia. Spir. hypericifolia.	Aestige, gedrungene Rispentraube. wie vorige. Halbkugelige Trbdolde. wie vorige. Seitenst., dicht gedrängt an den Zweigen
3. mehr als 5 Griffel.	K. fr., flach, 5 spalt, mit ein. kegelförm Frbod.; — Kr. 5 blttrig., rosenf., ebensowie d. zahlreich. Stbgef. zwisch. den Kzipfeln befestigt. — Frkn. klein, zahlr., auf d. kegelförm. Frbod. stehend. — Fr. kleine Stbe., welche untereinand. zu ein. kugelig., unten ausgehöhlt. Beerenhaufen verwachsen sind. [Fam.: **Rosaceen-Dryadeen.**]	**Rubus Idaeus** Himbeerstrauch. **Rubus fruticosus** Gemeiner Brombeerstrauch. **Rubus caesius** Ackerbrombeerstrauch.	Lock. Doldentraube. Rispe od. Trbdolde. wie vorige.
	K. frei, krugf., mit fleischiger, am Schlunde zusammengezog. Röhre u. 5 lang., oft fiederspalt. Zipfeln; im Schlunde ein drüsiger Ring, auf welch. d. 5 grossen Krblttr. u. die zahlr. Stbgef. befest. sind. — Frkn. zahlreich, von d. Kelchröhre umschloss. — Fr. kleine nussartige Früchtch., von dem fleischigen K. umschlossen. (Hagebutte.) [Fam.: **Rosaceen-Roseen.**]	a) Mit einz. stehen. Rosen: 1) **Rosa pimpinellifolia.** Bibernellblättrige Rose. b) Blumen an der Spitze d. Zweige zu 3 u. mehreren in Traubendolden. 2) **Rosa cinnamomea** Zimmtrose. 3) **Rosa canina** Hundsrose. 4) **Rosa rubiginosa** Weinrose. 5) **Rosa tomentosa** Filzrose. 6) **Rosa arvensis** Feldrose.	1 blüth. Blumenstiele. Trbdo. (Ebenstraus.) wie vorige. wie vorige. wie vorige. Einzeln und gipfelst.

reifen, am Schlunde oder Rande der Kelchröhre befestigten Staubgefässen.
setzung.]

Blume.	Frucht.	Blätter.	Bemerkungen. Standort, Blüthezeit u. s. w.
weiss oder rosenroth.	siehe: Allgem. Charakter.	länglich lanzettl., scharf gesägt.	Str. an feuchten Gebüschort. u. Ufern. In Nddeutschl. meist verwildert. 7-8.
weiss.	wie vorige.	verkehrt eif. - ell., scharf gesägt, klein. wie vor., aber mit läng. Blttstiel.	Str. in sumpf. Gehölzen (z. B. bei Hamburg.) 7-8. Vielleicht Abart v. d. vorigen.
weiss.	wie vorige.	eif., spitz, ungleich gesägt.	Aestchen kantig gestreift. 5.
weiss.	wie vorige.	länglich eiförmig, stumpf.	Aestchen stiel. u. glatt. 5.
weiss.	wie vorige.	klein, eiförmig, ganz randig.	Zweige langruthenförmig. 5. — Eigentlich in Ungarn.
weiss, mit aufrechten, schmalen, keilförm. Kronenblättern.	rother, süssschmeckender Beerenhaufen.	die unteren Bltter. 5 fiederig, die ober. 3 zählig.	Str. mit aufrechten Zweigen, mit od ohne grad. Stacheln. In Wäldern auf stein. aber feuchtem Boden. 5-6.
röthlichweiss, mit abstehenden, eirunden Kronenblättern.	schwarz., glänzender, säuerlich schmeckender Beerenhaufen.	5- u. 3 fingerig od. auch einfach, unterseits oft filzig oder haarig.	Str. mit stumpf., 4 kantig., oft borst. od. stachelig, bogig zurückgekrümmt. Zweigen. An Waldrändern namentl. auf Schuttboden. 7-8.
weiss oder röthlich, Kronenblttr. eirund, abstehend.	schwarzblauer, glanzloser etw. herbsäuerlich schmeckend. Beerenhauf. mit anliegend. Kelch.	5- und 3 fingerig; untere Blätter auch 5 fiederig.	Str. mit bogigen, krummstacheligen Aesten. Auf Aeckern, namentllich mit Kalkboden. 7-8.
weiss od. rosenroth; Kzipf. ungetheilt, lineal zugespitzt, halb so lang als d. Krone.	platt-kugelig, von den sie oben zuschliess. Kzipf. gekrönt, schwarz od. roth.	5-9 fiederig; Fiederblttr., eirund, gesägt.	Str. mit ungleich., grad., borstig. Stach., vorherrschend auf sandig. Bod., an Hügeln, Ackerränd. und auf Felsschutt. 6-7.
rosenroth; Kzipfel ungetheilt, lanzettlich, so lang als d. Krone.	kugelig, markig, mit den zuschliessend. Kzipfeln gekrönt.	5-7 fiedrig; Fiederblätter, längl. eirund, gesägt, unterseits aschgrau, weichhaarig.	Stacheln d. Zweige zu 2 am Grunde d. Nebenblttr. Wild nur in d. Länd. südl. von der Donau. 5-6. Ueberall cultivirt u. dann oft gefüllt.
blassrosenroth, weiss; Kzipf. ungeth., fiederspalt., zurückgeschlag., nicht so lang als die Krone, von d. Frucht abfallend.	länglrund, knorpel., nicht v. d. Kzipfeln gekrönt.	5-7 fiedr. länglich eirund, scharf gesägt.	Stacheln an d. Zweigen meist paarweise, derb, sichelförm., am Grund verbreit., zusammengedrückt. Waldränder, Hüg. 6. Stammutter der *Rosa alba*.
schön hochroth, kleiner als vor.; Kzipfel wie vor.	wie vorige.	5-7 fiedr., klein, wie vor.; Fied. längl. eirund, doppelt gesägt, glänzend, wie Essig riechend.	Stacheln wie vorige, zerstreut stehend. An Gebüschen namentlich auf kalkhaltigem Boden. 6.
rosenr.; Kzipf. w. vor., aber gewöhnl. nicht abfallend.	wie vorige aber gewöhnl. stachelig. v. d. Kzipfeln gekrönt.	Die 5-7 Fiederblttch. wie vorige aber graugrün, fein behaart.	Stacheln derb, grade, lang, ungleich. Wäld. u. Heck. 6.
blassroth; Kzipf. fiederspalt. kürz. als d. Kr. Gr. zusammengew. so lang als die Stbgef. Wohlriechend.	eirund, scharlachroth, mit abfallenden Kzipfeln.	Die 5-7 Fiederblättchen rundl. eif., gekerbt, gesägt, mit rauhhaar. Blttst	Stach. derb, sichelf., zerstr. Aeste peitschenförmig, niederliegend. Buschige Wäld. u. Heck., namentl. auf Kalk spendendem Boden. 6-7.

Meist vollständige, zweigeschlechtige Blumen mit (regelmässiger) 5 blättriger

Lin. Ordnung	Allgemeiner Blumen-charakter.	Arten.	Blumenstand.
1. 1 Griffel.	K. 5 blättr., flach, weissl., abfallend. — Kr. 4-5 blttr. zwisch. d. Kblttrn., weissl. — Stbgef. unterweibig. — Frkn. 1, frei in der Kr., 5 fächr. mit 1 Griffel. — Fr. 1-2 samiges Nüsschen. — Blumenstd. einfache Doldtr. mit einem an ihrem Hauptstiel der Länge nach halbangewachsenen, lanzettl. Deckblatte. [Fam.: **Tiliaceen.**]	**Tilia grandifolia** Sommerlinde.	Dotr. oder Ebenstrauss, gewöhnlich 2-3 blüthig.
		Tilia parvifolia Winterlinde. Ausser diesen beiden deutschen Lindenarten werden in Anlagen und Alleen cultivirt: 1) **Tilia americana** 2) **Tilia tomentosa** (Silberlinde.)	Doldentraube 5-13 blüth wie vorige. Doldentraube ebenso wie K. Deckbl. weissfilzig.

XVI. Classe.

Vollständige, zweigeschlechtige Blumen mit zehn,

Die hierher gehörigen, deutschen, Holzgewächse gehören XVII. Classe angegeben sind. Siehe daher in dieser Classe. gehören:

Die Gattung **Sarothamnus** ⎱
„   „   **Cytisus** ⎰
„   „   **Genista**
„   „   **Ulex**
„   „   **Ononis** mit rosen

Polyandria.

Krone und zahlreichen, freien, unterweib. (also unter dem Frkn. befestigt. Stbgef.)

Blume.	Frucht.	Blätter.	Bemerkungen. Standort, Blüthezeit u. s. w.
blassgelbl., ohne Ne-benkr. d. Grffelnarbe mit 4 aufrechten Lpp.	Nüsschen mit 5 star-ken Kanten.	schiefherzförmig, unter-seits kurzhaarig.	Gebirgswäld. im südlich. Europa auf steinig. Bod.; i. mittl. u. nördl. Deutsch-land cultivirt und ver-wildert. 6-7.; 14 Tage früher als folgende.
wie vor., ab. d. Griffel-narbe mit 8 abste-henden Lappen.	Nüsschen mit 5 un-deutl. Kanten.	schiefherzförmig, unter-seits kahl.	Bm. mehr d. ebenen u. Hügelland angehör. 7. 14 Tage spät. als d. vor.
mit einer Nebenkr.; Stbgef. a. Grunde verw.	wie T. grandifol.	gross, schiefherzf., kurz zu-gespitzt, scharf gesägt, kahl.	Schöner Baum aus Karolina. 7-8.
Kr. mit einer 5 blättrig. Nebenkr. K. filzig.		rundherzf., scharf gesägt, un-terseits weissfilzig.	Schön Bm. aus Osteuropa. 7.

Monadelphia.

in ein Bündel verwachsenen Staubgefässen.

alle zu der Familie der **Papilionaceen**, welche in der
— Nach ihren Staubgefässen müssten in die XVI. Classe

mit gelben Schmetterlingsblüthen,

rothen Schmetterlingsblüthen.

Lin. Ordnung	Allgemeiner Blumen-charakter.	Arten.	Blumenstand.
3. 10 Stbgef.	K. frei, 5 zähnig oder 2 spalt u. 2 lippig. — Kr. schmetter-lingsförm., eigentl. 5 blttr., aber d. beiden unteren Krblttr. am Unterrande zusammenge-wachsen und das Schiffchen oder den Kiel bildend. — Stbgef. am Grund des K. um den Frkn. herum befestigt und mit ihren Fäden entweder alle 10 od. nur 9 in ein röhrig. Bündel verwachsen, während das 10. frei auf dem Bündel der ver-wachsen. Stbgef. liegt. — Frkn. frei, 1 fächerig, mit 1 bis vielen Samen, welche an der inneren Naht desselben befestigt sind; von der Staubfadenröhre um-schlossen und mit 1 einfachen, meist gekrümmten, Griffel. — Fr. eine 1 fächerige, 1 bis mehr-samige Hülse. [Fam.: **Papilionaceen.**]	a) Blm. vorherrsch. gelb; die Stbgef alle 10 in 1 Bündel verwachs.; Blttr. meist 3 fin-gerig oder auch einfach. **Cytisus Laburnum** Bohnenbaum, Goldregen. **Cytisus nigricans** Schwarz werdender Bohnenbaum. **Cytisus capitatus** Kopfblüthiger Bohnenbaum. Ihm sehr ähnlich ist der in Oestr. u. Böhm. vorkommend. grauhaar. *Cytis austriacus* und der nieder-liegende *Cytis supinus*. In Anlagen kommt oft auch vor: **Cytisus elongatus** 1) Dornenlose Ginster. **Genista (Cytisus) sagittalis** Geflügelter Ginster. **Genista pilosa** Haariger Ginster. **Genista tinctoria** Färberginster. 2) Dorniger Ginster. **Genista germanica** Deutscher Ginster. **Genista anglica** Englischer Ginster. **Spartium scoparium** *(Sarothamnus scop.)* Besenpfrieme. **Ulex europaeus** Hecksame.	Seitenstd., blatt-lose, grosse, hän-gende Traube. Gipfelstd., blatt-lose, aufrechte, reichblüth. Traube. Gipfelständ., 6 blüth., kopfige Dolden. Blum. zu 2-5 dicht gedrängt in d Blatt-winkeln an d. Seiten d. ruthenf. Zweige. Gipfelstd., fast kopf-förmige Traube. Seitenständ., einzeln oder paarweise von ein. Blttbsch. umgeb. Aehrenförm. Trau-ben, gipfelständig. Gipfelständ. Trauben, meist mehrere bei-sammen. wie vorige. Einzeln und zu meh-reren gedrängt an d. Seiten d. Zweige. Einzeln in den Blatt-winkeln.

Diadelphia.

Krone und 6 bis 10 in zwei Bündeln verwachsenen Staubgefässen.

Blume.	Frucht.	Blätter.	Bemerkungen. Standort, Blüthezeit u. s. w
K. 2 lipp., Kr. gelb mit grosser Fahne u. 2 blättrigem Schiffchen.	lineale, seidenhaarige, vielsamige Hülse.	3 fingerig. Fingerblätter elliptisch.	Str. in Gebirgswäldern des südöstl. Deutschland; in Anlagen cultiv. u. verwld. 5-7.
K. 2 lipp., Kr. gelb wie vorige, aber kleiner.	wie vorige.	wie vorige, aber längl. eirund.	Angedrückt haarig., gesellig. Str. auf Haid. u. in trocken., felsigen Wäldern (namentlich Kieferwäldern). 6-7.
K. 2 lipp. langröhr. rauhhaar.; Kr. gelb mit rothbraun werdender Fahne.	wie vorige.	3 fingerig. Fingerblätter lanzettl.	Str. mit aufrecht, rauhhaar. Aesten auf sonnig. Plätzen, Haiden u. Birkenwäld. namentl. im südöstl. und östl. Deutschl. bis Schlesien. 6.
wie vorige.	wie vorige.	wie vorige.	Str. mit ruthenf., oft ganz mit Blum. bedeckten Zweigen aus Südeuropa. 6-7.
gelb; K. tief, 2 lippig, Fahne vorgestreckt.	Hülse wie bei Cytis.	einfach, längl. eirund.	Str. mit geflügelt. 2 schneid. Stengeln auf trockn., licht. Orten in Wäld. u. auf Wiesen; nicht überall. 6-7.
K. 2 lipp.; Oberlippe tief, 2 theil.; angedrückt haarig; Fahne und Schiffchen seidenhaarig.	Hülse armsamig behaart.	einfach, längl. lanzettlich, angedrückt haarig unterseits.	Stengel niederliegend, aufstrebend, Aeste angedrückt haarig. Auf waldig. Haiden mit sandigem Boden. 5-6.
wie vorige, aber die Kr. kahl.	wie vorige, aber kahl.	einfach, lanzettlich, am Rande flaumig.	Stengel rund, aber gerieft, kahl, niederlieg. u. aufstreb. Trockene, steinige Triften, sonnige Lichtungen. 6-7.
wie vorige, aber kleiner u. am Schiffch. weichhaarig.	wie vorige.	einfach, lanzettl., nackt.	Stengel dornig, aufrecht, unterwärts astlos; Zweige rauhhaar. Auf waldigen Triften mit sand. Bod. 5-6.
wie vorige.	wie vorige.	wie vorige.	Wie vorige, aber Zweige kahl. Auf torfig. Haid., namentl. in NW. Deutschl. 5-6.
gross, sattgelb, Schiffch. niedergebog.; Gr. sehr lang, schneckförmig gewunden; K. 2 lippig, trockenhäutig.	Hülse schwarz, an d. Näht. zottig gewimpert.	3 finger. u. einfach, Blttch. eiförmig, weichhaarig.	Aufrechter Str. mit grünen, ruthenf., scharfkant., steif. Zweig. Auf sand. Trift. 5-6.
gelb, rauhhaar.; K. 2 lipp., am Grunde mit 2 runden Deckblättchen.	kurze, armsam., aufgedunsene Hülse.	die unteren 3 zählig, die oberen einfach, lineal, dornspitzig.	Aeste u. Zweige gefurcht, in stechend. Spitz. endigend, am Grunde mit einem dornähnl., fast rinnig. Blttc. Auf sandigen Haiden im westlichen u. nordwestl. Deutschl. 5-6.

Lin. Ordnung	Allgemeiner Blumen-charakter.	Arten.	Blumenstand.
3. 10 Griffel.	Schmetterlingsblume u. Hülsenfrucht. [Fam.: **Papilionaceen.**] (siehe oben den allgemeinen Blumencharakter.)	b) Blumen rosenroth; die 10 Stbgef. in ein einzig. Bündel verwachs.; Blttr. 3fingerig. **Ononis spinosa** Dornige Hauhechel.	Einzeln, zwischen den Blttrn. an den Zweigen.
		Ononis repens Kriechende Hauhechel.	wie vorige.
		Ononis hircina Stinkende Hauhechel.	Zu zweien in den Blattwinkeln, an d. Spitz. d. Zweige in dicht. Aehr.
		c) Blumen weiss, rosenroth oder gelb; 9 Stbgef. in ein Bündel verwachs.; das 10. frei. Blätter gefiedert. Hierher gehören nur ausländische und durch Cultur eingeführte Holzgewächse: **Robinia Pseud-Acacia** Gemeine Robinie.	Lockere, hängende Trauben.
		Robin. viscosa Klebrige Robinie.	Gedrängte, hängende Traub.
		Rob. hispida Borstige Robinie.	Lockere, hängende Trauben.
		Caragana arborescens Erbsenstrauch.	Einzeln und in Büscheln.
		Colutea arborescens Blasenstrauch.	6—8 blüthige Trauben.
		Zusatz: Ihren Hülsenfrüchten nach gehört auch hierher die zur Familie der **Caesalpinien** gehörige, mit doppelt gefiederten Blättern u. grossen, dreiästigen Dornen versehene, aber in ihren kleinen, grünlichen Blüthen nur 5 freie Staubgefässe und 1 Griffel besitzende (V. 1.) **Gleditschia triacanthos** Dreidorn. Gleditschin.	

Diadelphia.

Blume.	Frucht.	Blätter.	Bemerkungen. Standort, Blüthezeit u. s. w.
Kelch 5spalt., bleibend; Schiffchen der Krone in einen pfriemlich. Schnabel zugespitzt.	eirunde, aufgedunsene, im bleibenden K. sitzende Hü, welche so lang als d. K. ist.	Fingerblttch. länglich eirund, gez., fast kahl.	Stengel aufrecht, 1reihig-zottig behaart; Aeste dornig; Dorne meist zu 2. Auf steinigen u. sandigen Triften und Wegrändern. 6-7.
wie vorige.	wie vor., aber die Hü. kürzer als der K.	Fingerblättch. wie vorige, aber drüsig behaart.	Stengel liegend, am Grund wurzelnd, ringsum zottig behaart; Aeste nur an der Spitze dornig. Auf Triften. 6-7.
wie vorige.	wie vorige.	Fingerblttch. eirund, drüsig behaart.	Stengel aufrecht, dornenlos, zottig behaart. Auf Wiesen und Strassen namentlich im nördl. Deutschland. 6-7.
weiss; K. glockig, fast 2lipp.	lange, knotige, vielsam. Hü.	unpaarig gefied.; Blttch. eirund.	Bis 80' hoher Baum aus Nord-Amerika. 6
blassröthlich wie vorige.	wie vorige.	wie vorige, aber dunkelgrün.	Bis 40' hoher Baum mit dunkelbraunen, klebrigen Zweigen aus Nord-Amerika. 7.
dunkelrosenroth, gross.	wie vorige.	wie vorige, aber Blttch. grösser.	Bis 10' hoher Baum mit borstig behaarten Zweigen aus Nord-Amerika. 6-7.
gelb; K. glockig, 5zähnig.	walzig.	8—12fiederig; Blättchen elliptisch.	Strauch mit dornigen Aesten; aus Sibirien.
gelb; wie vorige.	blasig aufgedunsene Hülse.	unpaarig gef.; Blttch. ell., schwach ausgerandet.	10—15' hoher Strauch im südl. Europa. 5-7.

Lin. Ordnung	Allgemeiner Blumen-charakter.	Arten.	Blumenstand.
2. 2 Stbgef in d. Blthe	Männl. Kätzch. klein, eirund, entw. in Aehren um die Gipfelknospe der Aeste gehäuft, so dass sie später am Grund der neuen Triebe sitzen, od. seitl. u. einzeln an den Zweigen. Weibl. Kätzch. roth, eirund, mit zweierlei Deckschuppen, nemlich mit äusseren, welche später abfallen, und inneren, an deren Grund aussen die Samenbläschen sitzen, u. aus deren Vergrösserung — nach Abstossung der äusseren Schuppen — der Zapfen entsteht. Die einzelnen Blümchen nackt, — 1ge., entw. nur aus d. Stbgef. oder nur aus d. Frkn. bestehend und unmittelbar an d. Deckschupp. der Kätzchen befestigt. — M. Bl 2 Stbhäufchen; W. Bl. 2 nackte Samenbläschen, welche mit ihrer offenen Spitze nach unten gekehrt sind und aussen am Grunde der inneren Deckschuppen sitzen. — Fr. geflügelte oder ungeflügelte Nüsschen, welche hinter den Zapfenschuppen sitzen. — Blttr. nadelförmig. — Saft Terpentin oder Harzsaft. [Fam.: **Abietineen.**]	I. Kiefer (Pinus): Lange Nadeln zu 2 u. 5 in einer kurzen häutigen Scheide; immergrün. Männliche Kätzchen nur in Aehren oder Trauben am Grund der frischen Triebe; Weibl. Kätzch gestielt an der Spitze der Triebe. Zapfenschuppen nach oben zu schildförmig verdickt und genabelt. a. Nadeln zu 2 in d. Scheide. 1) **Pinus sylvestris** Kiefer (eigentlich Kienföhre) oder Föhre. 2) **Pinus Pumilio** (oder **Mughus**) Zwergkiefer, Knieholz. Abart: **P. uliginosa** Sumpfkiefer. 3) **Pinus nigricans** Schwarzkiefer. Nur cultivirt kommt vor: **Pinus maritima** Strandkiefer. b. Nadeln zu 5 in d. Scheide. 1) **Pinus Cembra** Zürbelkiefer. Aus Nord-Amerika stammend und in Wäldern Deutschlands cultivirt kommt vor: **Pinus Strobus** Weimouthskiefer. II. Tanne, (Abies): Kurze, einzelnstehende Nadeln; immergrün. Männl. Kätzch. zerstreut zwischen d. Nadeln der jüngsten Zweige; Weibliche Kätzch. a. d. Spitze d. Zweige. Zapfen eirund, walzig- oder spindelig-eiförmig. Schuppen.	Vergl. d. allgemeinen Blumencharakter. wie vorige. wie vorige. wie vor. Männl. Kätzchen walz. verlängert. wie vorige. wie vorige. wie vorige.

Monoecia.

und von denen männliche u. weibliche Blüthen auf einem und demselben sich befinden.

Blume.	Frucht.	Blätter.	Bemerkungen. Standort, Blüthezeit u. s. w.
Blumencharakter der Gattung.	die jungen Zäpfch. erst aufr., dann bei der Samenreife zurückgekrümmt und einkegelförm.; die Schupp. mit 4 eckig. Schild u. warzigem Nabel; Samenflügel 3 mal so lg. als d. Nuss.	Nadeln 1¹/₂-2'' lang, inwend. gerinnt, etwas gedreht, lauchgrün.	Bis 100' hoher Baum mit rostrother, schuppig. Rinde, vorherrschend auf sandigem Boden der Flachländer.; in Gebirgen seltener u. höchstens bis 4000' in die Höhe steigend (in den Alpen). 5.
wie vorige.	wie vor., aber bei d. Reife wagr. absteh.; Schuppen mit rhomboidalem Schild, glänzd.; Samenflüg. 2mal so lang als der Samen.	Nadeln bis 2'' lang, stark gerinnt, angedrückt, grasgr; aromatisch riechend.	Str. mit mehreren langen, am Bod. liegend. und an ihren Spitzen sich erhebend. Aest. Vorherrschend Gebirgsbewohner und namentl. auf feucht., kalkhaltig. Boden. Blüthezeit 5-6.
wie vorige.	Zapfenschuppen mit hakig herabhängendem Nabel.	wie vorige.	20-40' hoh. Bm. auf moorig. Bod. im Riesengebirge und in nassen Alpenthälern.
wie vorige.	Zapfen 3'' lang, sitzend, glänzend, kegelf.; Samenflügel sehr lang; Samen schwarzgefleckt.	Nadeln 3—5'' lang, dunkelgrün.	Bis 100' hoh. Bm., namentl. auf Kalkbod. Unteröstreichs, Steyermarks, Krains, bei uns cultivirt. 5.
wie vorige.	Zapfen wie vorige.	Nadeln 5-6'' lang, abstehend, blaugrün, mit langer, grauschwarzer Scheide.	Baum in den Küstenländern am Mittelmeere.
wie vorige.	Zapf. aufrecht, eir.; Schupp. mit undeutlich., 3 kantigem Buckel; Nuss flügellos, über erbsengross.	Nadeln steif, die untern absteh., die oberen aufrecht; dunkelgrasgrün.	Stamm mit längsrissig. Rinde, aufstrebend. Aest. u. gewölbt kegelf. Kr. Alpenbewohn.; im mittler. und nördlichen Deutschland nur cultiv. 6.
wie vorige.	Zapfen erst aufrecht, dann hängend, lang, cylindrisch, Schupp. glatt, fast buckellos.	Nadeln schlaff, dünn, dunkelblaugrün.	Stamm schlank, glattrind., mit fast wagrecht stehend. Aest. u. pyramidaler Krone. In Nordamerika grosse Wälder bildend. 5-6.

Unvollständige, eingeschlechtige Blumen, welche in Kätzchen stehen,
Stamme

Lin. Ordnung	Allgemeiner Blumencharakter.	Arten.	Blumenstand.
2. 2 Staubgef in der m. Blüthe.	Wie oben angegeben. [Fortsetzung der Familie: **Abietineen.**]	Ohne Rückenhöcker. a) **Nadeln flach**, unterseits mit 2 weissen Streifen. **Abies pectinata** *(Pinus Picea.* Lin*).* Edel- oder Weisstanne.	Siehe die Beschrei Blumencharakters.
		Cultivirt in Anlagen kommt vor: **Abies balsamea** Balsamtanne.	wie vorige.
		Abies canadensis Canadische- oder Schierlingstanne.	wie vorige.
		b) **Nadeln stumpf, 4kantig.** **Abies excelsa** *(Pin. Abies.* L*.)* Rothtanne, Fichte.	wie vorige.
		Cultivirt in Anlagen kommt vor: **Abies nigra** Schwarzfichte.	wie vorige.
		Abies alba Weissfichte.	wie vorige.
		III. **Lärche** *(Larix)*: Nadeln hinfällig, an den Zweigen büschelig aus verkümmerten Triebhöckern, an den Haupttrieben einzeln, flach. **Kätzch.** seitlich an den Zweigen. **Zapfen** eiförm., klein, aufrecht. **Larix europaea** *(Pin. Larix.)* Lärche. Hierher gehört auch d. **Larix Cedrus**, Ceder, aus Kleinasien und die hie und da cultivirte **Larix microcarpa** aus Nordamerika.	Wie beim Blumen-
2. 4 Staubgef. in der m. Blüthe.		Hierher gehören: 1) die Gattung: **Alnus**, vgl. 5 Ordnung Fam.. 2) „ „ **Thuja**, vgl. XXII. Cl. 120. Fam 3) „ „ **Cupressus**, „ „ „	

Monoecia.

und von denen männliche und weibliche Blüthen auf einem u. demselben sich befinden.

Blume.	Frucht.	Blätter.	Bemerkungen. Standort, Blüthezeit u. s. w.
bung des allgemeinen	Zapf. walzl , abgestumpft, aufrecht; Schuppen stumpf, rhomboidal, kürzer als das Samendeckblatt u. mit d. Samen zugleich von d. stehen bleibend. Zapfenspindel abfallend.	Nadeln flach, oben ausgerand., kammförm. stehend an d. Zweigen.	Bis 150′ hoh. Baum mit weissl. Rinde, fast wagrecht abstehend. Aesten und pyramidaler Kr. Bewohner der Buchten und unter. Gebirgsgehänge mit fruchtbarem Boden. 5. Er liefert den Strassburger Terpentin.
wie vorige.	Zapfen wie vorige, aber kürzer und dicker.	Nadeln dichter und 3 bis 4 reihig an d. Zweigen, aber doch zum Theil kammförmig.	Rinde röthlichgrau, voller Balsamdrüsen, den canadischen Balsam liefernd. Aus Nordamerika.
wie vorige	Zapfen klein, eirund, die Schuppen nicht mit dem Samen abwerfend.	Nadeln klein, spitz, zerstreut, jedoch kammförmig gedrückt.	Rinde aschgrau; Aeste zerstreut. Aus Canada. Heisst auch die Hemlockstanne.
wie vorige.	Zapfen walzig-spindelf., hängend; Schuppen am Rande wogig, an der Spitze gezähnelt, nicht mit dem Samen abfall.	Nadeln kurzstachelspitzig, etwas aufwärts gekrümmt.	Bis 150′ hoher Bm. mit rothbrauner genarbter Rinde mit kegelförm. Kr. Unterste Aeste abwärts gebogen, mittlere wagrecht, oberste aufwärts gerichtet; Seitenzweige häng. Gebirgsbewohner. 5. Liefert das Fichtenharz.
wie vorige.	Zapfen dünn, spindelförmig.	dünne, lineale, dunkele Nadeln.	Schwarzgraue Rinde; gelbhaarige Triebe. Aus Nordamerika.
wie vorige.	Zapfen eirund.	Nadeln gekrümmt, bläulich weiss gefurcht.	Sehr helle Rinde. — Aus Ndamerika.
u. Gattungscharakter.	Zapfenschupp. oben auswärts gebogen.	wie vorn angegeben.	Bis 100′ hoher, schlanker Stamm mit nach unten gebogen. ruthenförm. Zweigen. Bewohner der Alpen, im übrigen Deutschland cultivirt. 4-5. Liefert den venetianischen Terpentin.
Betulineen, *Cupessineen.* ”			

Unvollständige, eingeschlechtige Blumen, deren männliche und weibliche

Lin. Ordnung	Allgemeiner Blumencharakter.	Arten.	Blumenstand.
4 Stbgef. in der männlich. Blüthe.	Hierher gehört aus der Familie der **Euphorbiaceen**	**Buxus sempervirens** Buxbaum.	Kätzchenartige Träubch. oder Köpfchen.
	Aus der Familie der **Urticeen** gehört hierher	**Morus alba** und **nigra** Weiss. u. schwarz. Maulbeerbm.	Kleine Kätzchen.
4. u. 5. 4-6 Stbgef. in der männlich. Blüthe.	Männl. Kätzch. hängend, walz., aus gestielten Deckschuppen gebildet; hinter jeder 3 männliche Blüthen auf dem Stiele derselben sitzend. Jede männl. Bl. mit einem ganzrand. oder 4 spalt. Perigon u. 2 oder 4 Stbgef., so dass also hinter jed. Schuppe 4 u. 6-12 Stbgef. sitzen. — Weibl. Kätzchen klein, eirund oder spindelförm., aufrecht, mit ungestielten Deckschuppen; hinter jeder dieser 2-3 nackte, 2fächerige Frkn., jeder mit 2 einfachen, fadenförmig. Narben, so dass also hinter jeder Schuppe 4-6 Narb. od. Gr. befindl. sind. — Fr. kleiner, entwed. eir. und holziger, oder walziger, häutig-schuppig. Zapfen, welcher hinter jeder Schuppe 1-2 kleine, zusammengedrückte, 1 samige, geflügelte oder ungeflüg. Nüssch. zeigt. [Fam.: **Betulineen**.]	I. Gattung: **Betula**, Birke. 1) **Betula alba** Weissbirke. 2) **Betula pubescens** Weichhaarige Birke. 3) **Betula nana** Zwergbirke. 4) **Bet. fruticosa** (*humilis*) Strauchbirke. II. Gattung: **Alnus**, Erle. 1) **Aln. glutinosa** Gemeine Erle. 2) **Aln. incana** Graue Erle. 3) **Aln. viridis** Grüne Erle.	Weibl. Kätzch.: einzeln, cylindrisch, mit häutigen, 3 lapp., abfälligen Deckschuppen. Männl. Kätzch: lang, walzig, hängend. wie bei der Gattung. wie bei der Gattung. wie bei der Gattung. wie bei der Gattung. Weibl. Kätzch.: eir., braun, traubig stehend; mit am Rand zerfressenen Deckschuppen. Männl. Kätzch. cylindrisch, mit gestielt. 3 blüthige Deckschuppen. wie bei der Gattung. wie bei der Gattung. wie bei der Gattung.

Monoecia.

Blüthen sich auf einem u. demselben Stamme u. gewöhnlich in Kätzchen befinden.

Blume.	Frucht.	Blätter.	Bemerkungen. Standort, Blüthezeit u. s. w.
Blume: vollständig. K. der männl. Bl. 3 thl. Kr. 2bltg. W. Bl: K. 4thl. Kr. 3 bltrg. gelbgrün.	3 fächerige, 3 schnäbelige Kapsel; jedes Fach mit 2 Samen	eif. lederig, immergrün.	1-10' hoch. An felsigen Gebirgsorten in Oberöstreich, Krain, Südtyrol, Schweiz, Oberelsass, Baden, auch an der Mosel von Alken bis Bertrich; sonst nur cultivirt und verwildert. 3-4.
Blume mit 4 thl. Perigon; m. Bl. mit 4 Stbgf.; weibl Bl. mit 2 Griffeln.	falsche Beere; bei M o r a l b a weiss, bei M. n i g r a schwarz.	herzförmig, ungetheilt oder lappig gesägt.	Aus A s i e n stammend, wird er in Deutschland als Nahrpflanze der Seidenspinnerraupe vielfach cultivirt. 6.
Männl. Blthe: m. 3 bl. (od. schuppenförm.) Per. u. 2 Stbgf.; hint. jed. Kätzchenschuppe 6 Stbgf. Weibl. Ktzch. 2-3 nackte Frkn. hint. jed. Schuppe; jed. Frkn. mit 2 langen gelblich grünen Narben.	hängendes, häutig-schuppiges Zäpfchen, v. welchem bei der Reife der 2 flügel. oder rand-häutigen Nüsschen die Schuppen abfallen.	einfach, rhomboidal, dreieckig-herzförm., doppelgesägt, zugespitzt, oder fast kreisrund und gekerbt.	Bäume und Sträucher mit schlanken, ruthenförmigen Zweigen, lockerer Krone und weissblättrig rindigem Stamme; in der nördl. Zone vorherrschend auf quelligem Sandboden.
wie bei der Gattung.	Lappen d. Zapfenschupp. hakig zurückgekrümmt; Sam. ell.; Samenflügel noch einmal so breit als der Samen selbst.	rautenförmig, 3 eckig, kahl.	60-80' hoher Baum m. glatten weisswarzigen, dunkelbraun grünlichen Zweigen u. weissblättriger Oberrinde. In ganz Deutschland. 4-5.
wie bei der Gattung.	Lappen d. Zapfenschupp. abstehend, Samen eif.; Samenfl. halb so lang als der Samen.	eif oder stumpf rautenförm., unterseits i. d. Aderwinkeln bärtig.	Bis 60' hoher Baum auf moor. oder sumpfigen Boden. 4-5.
wie bei der Gattung.	wie oben.	fast kreisr., stumpf gekerbt.	Str. auf Gebirgsmooren. 5.
wie bei der Gattung.	wie bei der Gattung.	rundlich spitz gekerbt.	3-6' hoher Strauch in Torfbrüchen von Süd- u. Norddeutschland. 4-5.
W. Blüthe: Hint. jeder Kätzchenschupp. 3-4 kl. Schüppch. u. 1-2 Frkn.; jeder mit 2 purpurrothen Narben. M. Blüthe: mit 4 theil. Perigon und 4 Stbgef.	kleiner, eif. holz. Zapfen, welcher bei der Reife der eckigen, meist ungeflügelten Nüssch. die Schuppen nicht abwirft.	eirund, meist doppeltsägezähnig.	50-80' hohe Bme. auf brüchigem oder nassem Boden in der ganzen nördl. Halbkugel.
M. Bl. mit 4 spalt. Per.	wie bei der Gattung.	rundl., stark abgestumpft, ungl. ges., kahl, oft klebrig.	Hoher Baum mit 3 kantigen Trieben. 2-3.
M. Bl. mit 4 theil. Per.	wie bei der Gattung.	eirund, zugespitzt, unterseits grau und weichhaarig.	Gebirgsorte, namentlich an Bächen. 3-4. Treibt starke Wurzelausschläge.
m. Bl. m. 3 schupp. Per.	Samen mit breitem Hautflügel.	eirund, zugesp., scharf doppeltsägig, kahl, gleichfarbig.	Kleiner Baum oder Strauch auf den Alpen und anderen Hochgebirgen. 5-6.

Lin. Ordnung	Allgemeiner Blumencharakter.	Arten.	Blumenstand.
5 u. 6. Staubgef. oder mehr als fünf.	Männl. Blüthen in walzigen Kätzch.; m. 2-6thl. Perigon und 10-20 Stbgef. — Weibl. Blüthen einzeln oder zu 3 an der Spitze der Aestchen, mit 4zahn., oberständ., abfälligem K., 4 blttr .Kr. u. 2 Narben. — Fr.: fleischige Steinfr. mit 2-4 klappiger Schale. [Fam: **Juglandeen**].	**Juglans regia** Gemeine Wallnuss.	Siehe beim allgemeinen Blu
		Juglans nigra Schwarze Wallnuss.	ebenso.
		Juglans cinerea Graue Wallnuss.	ebenso.
	Männl. Blüthen in quasten-, trauben- od. walzenförm. Kätzch.; theils m. 5-6theil. Per., theils nackt; mit 5-10 Stbgef., welche entw. in dem Per. oder auf den Kätzchenschupp. sitzen. — Weibl. Blüthen einzeln od. zu mehreren in knospenförm. od. in längl. lockerährenförm. Kätzch.; jede mit einem, dem Frkn. angewachsenen, oben gez. Per. u. 1 Frkn. mit 2-6 Narben u ausserdem mit einer 4spalt. od. schupp. oder 2lappigen Hülle. — Fr. eine 3kantige, eirunde od. linsenförm. Nuss mit steinharter oder lederiger Schale und grossem Nabel. Die Nuss sitzt zu 1-2 i. d. vergrösserten u. erhärteten, 4blttr, od. schuppig becherförmigen oder 2-3spaltigen oder blättr. allgem. Blumenhülle. [Fam: **Cupuliferen**].	I. Gattug: **Fagus**, Buche.	M. Kätzch. quastenförm, W. Kätzch. knospenf., mit 4 klappig., borstig behaart Hülle; auf kurzem steifem Stiele; 2 Frkn. umschliessend.
		1) **Fagus sylvatica.** Gemeine Buche.	wie bei der Gattung.
		II. Gattung: **Castanea**, Kastanienbaum.	M. Kätzch. sehr lang, schlank mit spiralig u. büschelig stehend. Blth. W. Kätzch. am Grund der männl. Kätzch., kugelig, v. sperrig. Schuppen umschlossen.
		Castanea vulgaris (*Fagus castanea*) Essb. Kastanie.	wie bei der Gattung.
		III. Gttg: **Quercus**, Eiche.	M. Kätzch. schuppenlos, traubenf, hängend. W. Kätzch. knospenförmig, einzeln oder in kleinen Träubchen.
		1) **Qu. pedunculata** Stieleiche.	wie bei der Gattung. W. Kätzch. zu 3-4 traub. auf verläng. Stiel.
		2) **Qu. robur** (oder *sessiliiflora*) Steineiche.	W. Kätzch. fast stiellos.
		3) **Qu. Cerris** Zerreiche.	wie bei der Gattung.
		4) **Qu. pubescens.** Weichhaarige Eiche.	wie bei Art 1. und 2.

Monoecia.

weibliche Blüthen sich auf einem und demselben Stamme befinden.

Blume.	Frucht.	Blätter.	Bemerkungen. Standort, Blüthezeit u. s. w.
mencharakter.	kugelig; mit runzelig. Nuss-schaale.	9 fiedrig; die Fieder oval kahl, wenig gesägt, fast gleich.	Baum aus Asien; in Europa nur cultivirt. 5.
ebenso.	flachrundl., Samen mit ge-furchter, sehr harter Schale u. klein. ungeniessbar. Kern.	15-23 fiedrig; die Fieder eilanzettlich; lang zu-gespitzt, gezähnt.	40-50′ hoher Baum aus Nordame-rika in Anlagen. 5.
ebenso.	länglich eiförm., zugespitzt, klebrig.	11-17 fiedr., mit schmie-rigen Blattstielen.	40-50′ hoher Bm. aus Nordame-rika in Anlagen. 5.
M. Blüthe mit 5-6 spalt., glock., Per. und 10-15 Stbgef. W. Blüthe 1 Frkn, welcher v. d. 6 klein. Zähnen des ihm angewachs. Perig. ge-krönt ist; mit 3 Narben	Fr. 2 dreikantige Nüsse in holzig., stachel. borstig. Becherhülle; jede Nuss mit lederiger Schale.		
wie bei der Gattung.	wie bei der Gattung.	eiförmig, kahl, am Rand gewimp., ein-zeln und undeutlich gezähnt.	80-100′ hoher Bm. mit grauer, glatter Rinde auf gutem, kalkspendenden Boden, bis über 4000′ in den Alpen steigend. 5.
M. Blüthe wie vorige. W. Blüthe mit einem 5-8 narbig. Frkn. welch. v. d. 5-8 Zähn. des an-gewachs. Per. gekr. ist	Rundl, zugespitzte, fast zwiebelf., lederschalige Nuss, meist zu 2 in d. langstach. Becherhülle.		
wie bei der Gattung.	wie bei der Gattung.	Längl. lanzettlich zuge-spitzt, stachelspitzig-gesägt, kahl.	50-80′ hoch, fast eichenähnlicher Baum des südl. Europa's; in Deutschland nur cultivirt. 6.
M. Blthe. mit 5-9 theil., sternf. Per. u. 5-9 Stbgf. W. Blüthe einzeln, mit 1 Frkn. welch. 1 Gr. mit 3 Narb. hat u. von dem 6 zähn. Rande d. ange-wachs. Per. gekrönt ist, umschlossen von einer vielschuppigen Hülse.	Eiförmig, lederschal., am Grund von der erhärtet. knorpelig- oder stachel. schuppig., napfförmigen Becherhülle umschlos-sene Nuss.		
wie bei der Gattung.	Nüsse längl., langge-stielt. Becherschuppen angedrückt.	Blttr. kurzgestielt oder sitz., unregel-mäss. buchtig, am Grund tiefausgerand.	Mächt. Baum der Ebenen und Hügel mit tiefgründ. Boden. Starke, tiefgreif. Wurz. Gebirgsbaum. 5.
wie bei der Gattung.	Nüsse bauchig, eiförmig, fast stiellos.	Blttr. langgestielt, regelmässig buchtig, am Grund abgerun-det oder in d. Blatt-stiel ausgezogen.	100-130′ hoher Baum mit sperrig abstehenden Aesten und mehr flach ziehend. Wurz. Gebirgsbm. 5-6.
wie bei der Gattung.	Nüsse gross, walzig ge-stielt, in einer Becher-hülle mit pfriemlichen, sparrigen Schuppen wie bei No. 2.	Blttr. mit sehr spitz. Buchtlappen.	Bis 100′ hoch. In Oestreich, Böhmen, Schweiz; sonst cultivirt. 5.
wie bei Art 1 und 2.		Blätter gestielt, am Grund ausgerandet, im Frühjahr filzig, mit stumpf., 1-2 eck. Lappen.	Bis 100′ hoch. Hie und da in Gebirgswäldern, namentlich auf kalkigem Boden. 5.

Lin. Ordnung	Allgemeiner Blumencharakter.	Arten.	Blumenstand.
5. Mehr als 5 Stbgef.	[Fortsetz. der **Capuliferen.**] Blumencharakter siehe oben.	IV. Gattung: **Corylus,** Haselnussstrauch.	M. Kätzch. seitenständ. häng., walz. W. Kätzchen gipfelständ., knospenf., mit dachig. Schuppen, zwisch. deren ober. mehrere Blüthen sitzen, von denen aber in der Regel nur eine sich zur Frucht entwickelt.
		1) **Cor. Avellana** Gemeine Hasel.	wie bei der Gattung.
		2) **Cor. tubulosa** Lambertsnuss.	wie bei der Gattung.
		Cor. Colurna Türkische Hasel.	wie bei der Gattung.
		VI. Gattung: **Carpinus,** Hainbuche.	M. Kätzch. seitenständ., häng., walz. W. Kätz-gipfelständ., locker, mit hinfällig. Deckschupp., deren jede 2 dreilappige, bleibende, sich vergrössernde Hüllblttr. trägt, an denen die weiblichen Blüthen sitzen.
		Carpinus Betulus Gem. Hainbuche.	wie bei der Gattung.
		Hie und da cultivirt kommt vor: **Carpinus Ostrya** od. **Ost. vulgar.** Hopfenbuche,	wie bei der Gattung.
	Männl. und weibl. Blumen in hängend, kugelig. Kätzch., welche sich an einem und demselben Stiel befinden. — Männl. Blüthe nackt, mit zahlreichen, durch kleine Schüppchen v. einand. getrennt. Stbgef. — W. Blth mit klein. schupp. Blüthenhülle u. 1 einfächer., kurzgriffeligen Frkn. — Fr. ein stachel. kugelig. Zapfen, welcher durch die, um d. Ende des Kätzchenstieles zusammengedrängt, stachelspitzigen, am Grund behaarten, Nüsschen gebildet wird. [**Fam.: Plataneen.**]	**Platanus occidentalis** Abendländ. Palme.	wie beim allgemeinen Blumencharakter.
		Plat. orientalis (od. *acerifolius*) Morgenländische Platane.	wie beim allgemeinen Blumencharakter.

Monoecia.

Blume.	Frucht.	Blätter.	Bemerkungen. Standort, Blüthezeit u. s. w.
M. Blthe: 8nackte Staubgef., welche auf den Schupp. sitz. W. Blth. 1 Frkn. mit 2 rothen, fädl. Narb, umschlossen von einer 2 theil., zerschlitzten Hülle. Perigon kaum bemerklich.	eilängl, steinschalige, v. d. vergrösserten, 2 theil., zerschlitzten, blattartig. Becherhülle umschlossene Nuss.		
wie bei der Gattung	eirund, mit einfach. länglich glockig., an der Spitze auseinandergehend., zerschlitzt. Hülle.	rundlich herzförm. zugespitzt.	Kleiner Baum oder Strauch in Gebüschwäldern. 2-3.
wie bei der Gattung.	Nuss walzig, mit rother Sammthaut; Becherh. röhrig walzig, an der Spitze verengert.	wie bei voriger.	Wälder der südl. Gegenden Europas, in Deutschland nur cultivirt. 2-3.
wie bei der Gattung.	Becherhülle doppelt; die äussere 4 theil., die innere 3 theilig, zerschlitzt.	wie bei vorig. aber eckig eingeschnitten.	40-60′ hoher Baum mit korkig rissiger Rinde und borstig behaarten Zweigen. Türkei und Kleinasien; in Deuschland nur cultivirt.
M. Blthe.: 6 12 Stbgef am Grunde der Deckschuppen. W. Blüthe: 1 mit dem 6 zähnigen Saume des angewachsenen Kelches gekrönter, 2 narbig. Frkn., welcher hinter d. 3 lapp. Hüllblatt sitzt.	kleine linsenförm., vom 6 zähnig. Kelchsaum gekrönte Nuss hinter der blattartig vergrösserten, 3 lappigen Becherhülle.		
wie bei der Gattung.	wie bei d. Gattung, aber der ganze Fruchtstand gleicht ein. lock. Zapf.	eilänglich, zugespitzt, scharf, dopp. gesägt, schieffaltig.	30-80′ hoher Baum mit kantigem, glattrindig. Stamme, vorzüglich in Hügel- und Mittelgebirgsländern. 4-5.
wie bei der Gattung.	kleine, von den beiden zu einem hohlen Schlauch verwachsen., Hüllblättern umschloss. Nuss. Der Fruchtstand ein. Hopfenzapf. ahnl.	eiförmig, spitz, doppelt gesägt, aber wenig oder nicht gefaltet.	Bis 40′ hoher Baum mit längsrissig-blättrig. Rinde in feucht. Waldgegend. der südöstl. und südl. Alpenthäler; sonst nur in Anlagen cultivirt. 4 5.
wie beim allgemeinen Blumencharakter.	wie beim allgemeinen Blumencharakter.	gross, 5 eckig kaum gelappt, am Grund keilförmig.	60-100′ hoher Baum mit grauer, sich allmähl. abblätternd. Borke. Aus Nordamerika.
wie beim allgemeinen Blumencharakter.	wie beim allgemeinen Blumencharakter.	gross, herzförm., 5 lappig, den Ahornblättern ähnlich, am Grund abgestutzt.	30-60′ hoher Baum. Aus Asien stammend.

Lin. Ordnung	Allgemeiner Blumen-charakter.	Arten.	Blumenstand.
2-viel. 2-viel Stb-gef. in der männlich. Blüthe.	Männl. u. weibl. Blüthen in aufrechten oder hängenden walzig. oder eirunden meist weiss seidenhaarigen Kätzchen auf verschiedenen Stämmen. M Blthen. nackt oder statt d. Perigons mit einer Drüse oder einem kleinen, fleischig. schief abgeschnitt. Becher am Grunde der Stbgef.; die einzelne Blthe. mit 2-24 freien oder in 1 Bünd. verwachsenen Stbgef., welche entweder unmittelbar hinter d. Kätzchenschupp. oder in dem oben genannten Becher sitzen. W. Blthe. wie die männliche nackt oder mit einem kleinen Becher hinter den Kätzehenschupp. mit 1 Frkn., welcher 1 zweispalt. oder zweinarbigen Griffel trägt. — Fr. 1 fächerig, 2 klappige Kapsel mit vielen, seidenhaarigen Samen. [Fam.: **Salicineen.**]	I. Gattung: **Salix,** Weide. a) Weiden mit nackt. (oder nur in der Jugd angedrückt seidenhaarigen) lanzettl., scharf zugespitzten, sägezähn.Blttrn.; seitenstd., blttrstieligen Ktzch. mit gelbgrün abfallend. Schupp.; 2-10 Stbgef.; und an ihrer Einfüg leicht abbrechbaren Ruthenzweigen. **(Knackweiden.)** 1) **Sal. fragilis** Bruchweide. Hierher gehört auch die aus Kleinasien stammende: **Salix babylonica** Trauerweide. 2) **Sal. cuspidata** Haarspitzige Weide. Hierher auch: 2a) **Sal. pentandra** Fünfmännige Weide (Lorberweide.) 2b) **Sal. alba** Weissweide (Silberweide.) Abart derselben ist: **S. vitellina,** Dotterweide mit dottergelben oder orangerothen Zweigen. Bemerkung. In Kochs Synopsis der deut theils auch weniger. Dabei erscheinen gar deren Floren nur als Abarten figuri- wird noch dadurch erschwert, dass die nissen und verschiedener Cultur — in die der Gattung Salix. Aus diesem Grunde stets mit demselben Habitus beobachtete. gelassen. — Vielleicht wäre es für den schreiben und die zu jeder Rotte gehörigen	Kätzch. meist aufrecht, mit länglichen, ganzrandrand Deckschuppen Blth. am Grunde mit 1-2 Drüsen. Kätzch. seitenständ., gestielt, mit beblättertem Stiel; Schuppen gelb oder gelbgrün, an der Spitze nicht brandig braun, abfall. Kätzch. gleichzeit. mit d. Blttrn. ebenso. wie vorige. Kätzch. wie vorige., aber überhängend, wohlriech. Kätzchen walzig, filzig, gestielt.

Dioecia.

stehen, und von denen die männlichen Blüthen auf einem anderen Indivi-
stehen, als die weiblichen.

Blume.	Frucht.	Blätter.	Bemerkungen. Standort, Blüthezeit u. s. w.
M. Blthe. nackt, mit 2-5 Stbgef. W. Blthe. nackt, mit 1, meist ge-stielt. Frkn., welcher eine 2 spalt. Narbe trägt.	wie beim allgemeinen Blumencharakter.		
M. Blthe. 2 Stbgef. W. Blthe. kurz., dicker Gr. mit 2 dicken, 2 lappigen Narben.	eikegelförm., gestielte Kapsel.	lanzettl., lang zugespitzt, kahl, einwärts gebogen-gesägt, mit halbherz-förm. stumpf. Nbblttrn.	Hoher, aufrechter, oft baum-artiger Str. oder auch Bm. mit gelbl., an ihrer Ein-fügungsstelle, namentl. zur Blüthezeit leicht ab-brechbaren Zweigen. An nassen Orten. 4-5.
M. Blthe. 1 Staubgefäss.	ebenso.	schmallanzettl., mit schief-lanzettl. zugesp. Nebenblt.	Baum mit schlanken, hängenden Zweigen. 5.
M. Blthe. 4-5 Stbgef.	wie vorige.	länglich lanzettlich, lang zugespitzt, klein gesägt; mit schief., halb herz-förm. Nebenblättern.	Kleiner Baum mit fast auf-recht., glänzend., gelbröthl., leicht abbrechb. Zweig. Auf sumpf. Waldwies. 5-6.
M. Blthe. 5 (-10) Stbgf.	wie vorige.	eilanzettl., zugesp., dicht, klein gesägt; Nbblttr. längl. eif., gleichseitig, grade. Blattstiele oben vieldrüsig.	Klein. Baum mit glatt. glän-zend., aufrechten, schlank., gelbröthl. Zweigen, lorbeer-ähnlich., glänzend., dunkel-grün. Blttrn. u. wohlriech. Kätzch. An Gewäss. 4-5.
M. Blthe. 2 Staubgef. W. Blthe. kurzer Gr. zweitheil., mit 4 stumpf. Narben.	Kapsel stumpf, kahl, kaum gestielt.	lanzettl. zugesp., seiden haarig, unterseits weissglänzend. Ne-benblttr. lanzettlich.	Baum mit aschgrauer, rissig. Rinde, welche an d. jung. Trieben braunroth ist. An Ufern u. auf Waidepl. 4-5.

schen Flora sind 46 Arten der Gattung Salix angegeben; in anderen Floren theils noch mehr,
oft in der einen Flora Weiden als bestimmte, selbständige Arten aufgeführt, welche in den an-
ren und umgekehrt. Aus diesem Chaos das Gewisse herauszufinden, ist fast unmöglich und
Arten keiner anderen Gattung von Holzgewächsen so leicht — in Folge von Standortsverhält-
ihrem Blattbau und ganzem Habitus variiren und von einer Art in die andere übergehen, als
wurden hier nur diejenigen Weidenarten aufgenommen, welche der Verfasser an vielen Orten und
Seltene Arten, sowie die Bewohner der hohen Alpen wurden nur erwähnt oder auch ganz weg-
Praktiker schon ausreichend gewesen, nur die mit a, b, c—h. angegebenen Weidenrotten zu be-
Arten einfach zu erwähnen.

Lin. Ordnung	Allgemeiner Blumencharakter.	Arten.	Blumenstand.
2-5. 2-5 Stbgf. in der männlich. Blüthe.	Fortsetz. der **Salicineen.**	b) Weiden mit behaarten Blättern, steifen Aesten, seitlich. (meist auf beblättert. Stiel. stehend.), dickl. Kätzch., nierenförm. Nebenblttrn. u. eif. od. ellipt. Blttrn. und weiss. Innenrinde. (**Sahlweiden.**) a) glattblättrige. 4) **Salix bicolor** Zweifarb. Weide. *(S. depressa.)*	Kätzch. lang, fast ungestielt. Deckschupp. rothbraun und zottig; **W.** Kätzch. gestielt.
		b) runzelblättige. 5) **Salix caprea** Sahl- oder Sohlweide.	Kätzch. v. d. Blttrn., sitzend, walzig od. eirund, dick, am Grund von gelben, weissgewimperten Schuppen bekleidet; Ktzchschupp. schwarzbr.
		6) **Salix aurita** Geöhrte Weide.	Kätzch. v. oder mit den Blttrn., kleiner als vor., M. Kätzchen ungestielt, mit braunen lang., gelblich zottigen Schuppen; W. Kätzch. mit gelben, kurzzottigen Schuppen; gestielt.
		7) **Salix cinera** Aschgraue Weide.	Kätzch. v. den Blättern, walz. 1½ Zoll lang, mit schwarzbraun.,schmutz.-weiss zottig. Schuppen. M. Ktzch. sitz., weibliche gestielt.
		Ihr sehr ähnlich sind: **Salix holosericea** Sammtweide.	wie vorige.
		Salix nigricans Schwärzliche Weide.	wie vorige.
		c) Weiden mit in d. Jugend seidenhaarig, später ganz kahlen, längl. lanzettl., zugespitzt. Blttrn. seitenständ. Kätzch. mit bleibend. gelbl. grünen Schupp., 2-3 Stbgef., gestielten Kaps, zähen biegsamen Ruthenzweig. (**Mandelweiden.**) 8) **Sal. hippophaëfolia** Sanddornblättrige Weide.	Ktzchschupp. rauhhaarig.
		9) **Salix undulata** Welligblättrige Weide.	Kätzchenschuppen an der Spitze bärtig, sonst verworren zottig.
		10) **Salix amygdalina.** Mandelweide. **Abart: Sal. triandra**, mit unterseits hellgrünen Blttrn.	Kätzchenschupp. an der Spitze kahl, sonst zart und kurz gewimpert.

50

Blume.	Frucht.	Blätter.	Bemerkungen. Standort, Blüthezeit u. s. w.
m. Blthe.: 2 Stbgef. W. Blthe. mit sehr kurzem Griffel und tief 2 spaltiger Narbe.	Kapseln verläng., lanzettl., filzig gestielt.	eif. od. ell., ganzrandig od. kleinges., unterseits blaugrün u. sammthaarig, im Alter kahl.	Str. m. glänzend gelben bis gelbbraunen Zweigen. Feuchte Waldgegenden u. moor. Gebirgswiesen (Brocken, Riesengeb.), auch auf Mooren in Norddeutschland.
m. Blthe.: 2 Stbgef. W. Bl.: Sehr kurzer Griffel mit eiförmig, 2 spaltiger Narbe.	Kapsel wie vorige.	eif. od ell. mit zurückgekrümmter Spitze, unterseits bläulich grün, graufilzig. Nebenblätter gross, gekerbt.	Baum oder Strauch mit gelblicher Rinde u. dunkelbraunen, jung weisshaar., steifen Zweigen. In Wäldern auf quelligem, sandig. Boden. 3-4.
wie vorige.	wie vorige, aber lang geschnabelt.	verkehrt eif., zurückgekrümmt, zugesp. wellig ges., oben weichhaarig, unterseits graugrün, kurzfilzig. Nebenblätter ganzrandig.	Str. m. kastanienbraun, dünnen Aesten, vielen sperrig. Zweigen u. kahlen Knospen. Feuchte Wiesen, Triften u. Wälder. 4-5.
wie vorige.	wie vorige.	ell. oder eirund lanzettl., nicht mit zurückgekrümmt. krz. Spitze, oberseits flaumig, unterseits filzig; graugrün.	Str. mit graufilz., im Alter fast schwarz werdenden Zweigen u. grauen Knospen. An feuchten Orten, Ufern u. s. w. 3-4.
wie vorige.	wie vorige.	wie vorige, aber lang zugesp., geschärft ges.	wie vorige.
wie vorige, aber weibl. Blüthe mit verlängertem Griffel.	Kapsel kahl.	ell., wellig ges., unterseits grau. Nebenblätter halbherzförmig.	wie vorige. An sumpf. Orten, namentlich in Gebirgen. 4-5.
m. Blthe.: 2 Stbgef.	Kapsel eiförmig, filzig oder kahl.	lanzettl., lang zugespitzt, kleingesägt. Nebenblttr. halbherzf.; gross u. bleib.	Str. m. oberseits glänzend., unters. matten, rostbraun mittelrippigen Blttrn. An sandigen Ufern. 3-5.
m. Blthe.: 3 Stbgef. W. Blthe.: 2 breite, blattige, halb 2 spaltige Narben.	Kapsel ei- kegelförmig, kahl.	lanzettl., lang zugespitzt, wellig gerand., fein sägezähnig; Nebenblttr. halbherzförmig. Blätter spiralig stehend.	Str. mit gelbbrauner, an jungen Zweigen olivengrüner, glatter Rinde. An Flussufern. 4-5.
m. Blthe.: 3 Stbgef. W. Blthe.: kurzer Griffel mit wagerecht abstehenden Narben.	wie vorige.	längl. lanzettl., spitz, gesägt, unterseits weissl.-grün mit weisser Mittelrippe u. glänzend dunkelgrünen Seitenrippen.	Baum mit graugrünlicher, rissig. Rinde u. abwechselnd stehenden Blttrn. An Ufern und nassen Orten. 4-5.

Lin. Ordnung	Allgemeiner Blumen-charakter.	Arten.	Blumenstand.
2-5. 2-5 Stbgf. in der männlich. Blüthe.	Fortsetz. der **Salicineen.**	d) Blätter theils in der Jugend behaart, theils auch kahl, lanzettl., lang zugespitzt, glänzend. Ktzch. seitenständ., abwechselnd, v. d. Blttrn., sitzend, mit an der Spitze braun gefärbten Schuppen. Zweige mit blaugrauem abwischbar. Ueberzuge. Stbgf. gelb. Innere Rinde citronengelb. **(Schimmelweiden.)**	
		11) **Sal. daphnoides** Lorbeerblättr. Weide.	Kätzch. zott,, gross, dick, mit langgewimp., braunen Schuppen.
		12) **Sal. acutifolia** Spitzblttrige Weide.	M. Kätzchen mit rückwärts gebogen., langhaarigen Schuppen.
		e) Blätter in der Jugend kahl oder seidenhaarig, schmallanzettl. kleingesägt. Ktzch. wie vor., aber fast gegenständ. Stbgef. roth u. nach d. Abblühen schwarzbraun. Innere Rinde wie vorige. Zweige schlank, biegsam. **(Purpurweiden)**.	
		13) **Sal. purpurea** (od. *monandra*), Purpurweide.	Ktzch. zuerst grade, dann gebogen, mit rundlich., dunkelpurpurnen Deckschuppen.
		14) **Sal. rubra** Rothe Weide.	wie vorige.
		f. Weiden mit behaarten langen, schmal., vorzügl. am Grunde zurückgerollt., unterseits filz. Blttrn, schlanken, lang., seitlichen, v. d. Blttrn. blühend. Kätzch., welche an der Spitze braungefärbte Schuppen haben; 2 gelb. Stbgef., zähen Aesten und grünlicher Innenrinde. **(Korbweiden.)**	
		15) **Sal. viminalis** Korbweide.	W. Kätzch. mit zottigen braunen Schuppen.
		16) **Sal. acuminata** Werftweide.	wie vorige.

Dioecia.
setzung.]

Blume.	Frucht.	Blätter.	Bemerkungen. Standort, Blüthezeit u. s. w.
m. Bl. 2 gelbe Stbgef W. Bl. m. verläng. Griffel.	Kapsel ei-kegelförm, kahl, sitzend.	längl.-lanzettl., zugespitzt, drüsig gesägt, kahl; in d. Jugend zott. Nebenblätter halbherzförm.	Bm. mit glatt., in der Jugend gelbgrüner Rinde u. grünen od. röthl., bereift., schwanken Zweigen. An Flüssen u. sumpfigen Orten, namentlich in Süddeutschland. 3-4.
m. Bl. 2 zurückgebogene gelbe Stbgef. W. Bl. mit langem Gr. u. gesägten, lg. zugespitzten Narben.	wie vorige.	lineallanzettl., lang zugespitzt, oben glänzend, unten matt. Nebenblätter lanzettl., zugesp.	Bm. mit Anfangs rothbraunen, später bereift. Zweigen. An Ufern in Norddeutschl. 3-4.
m. Bl. 1 purpurroth. Stbgf. Weibl. Bl. mit kurzem Griffel u. eiförm. Narbe.	Kapsel eiförmig, filzig, sitzend.	lanzettl., nach vorn verbreitert, zugesp., scharfgesägt, flachrandig; Nebenblätter halbherzf.	Kleiner Bm. od. Str. in seinem ganz. Habitus sehr variirend, gewöhnl. aber mit rothen od. grauen Aesten. Auf feuchten Triften und an Ufern. 3-4.
m. Bl. m. 2. zusammengewachsenen, rothen Stbgef. W. Bl. mit verlängertem Griffel mit 2 fadenförmigen Narben.	wie vorige.	schmallanzettl., lang zugespitzt, ausgeschweift gezähnelt, am Rande zurückgerollt. Nebenblätter lineal.	Strauch mit graugrünen oder gelben glänzenden Aesten. Ufer und Triften. 3-4.
w. Blthe.: langer Griffel mit 2 langen, fadenförm. Narben, welche über die weissen Schuppenhaare hinausragen.	Kapsel stiellos, filzig.	langlanzettl., ganzrandig, unterseits matt silberweiss glänzend. Nebenblätter: lanzettlinealisch.	Bm. od. Str. mit langen biegsamen, hell- od. grünlichgelb. Zweigen. An Ufern. 4-5.
wie vorige, aber Narben nicht so lang.	wie vorige.	längl.-lanzettl., klein gez., untersts. blaugrün, matt filzig. Nblttr. nierenförmig oder halbherzförmig.	Str. mit hellbraunen, in der Jugend weisshaarigen Zweigen; der Korbweide ähnlich. Auf feuchten Triften. 4-5

Lin. Ordnung	AllgemeinerBlumen-charakter.	Arten.	Blumenstand.
2-5. 2-5 Stbgef. in der männlich. Blüthe.	Fortsetz. der **Salicineen.**	(Fortsetzung der **Korbweiden.**) 17) **Sal. stipularis** Afterblattweide.	2'' lange, 6''' dicke, zott. behaarte Kätzch. Weibl. Kätzchen g r a d e.
		18) **Sal. mollissima** Weichblättrige Weide.	Kätzchen aufrecht, mit braunen, lang-weisslich zottig behaarten Schuppen. W. Kätzch. g r a d e.
		19) **Sal. incana** Graue Weide.	W. K ä t z c h. gekrümmt und hierdurch von der ihr ähnlichen Sal. viminalis unterschieden.
		g) K l e i n e, k r i e c h e n d e Weiden mit nackten oder behaarten, kreisrunden oder eiförmigen oder auch fast herzförmigen Blättern, seitlichen, auf beblätterten Stielen sitzenden (seltener stiellosen) Kätzchen mit an der Spitze braunen Schuppen. **(Kriechweiden.)**	
		20) **Salix repens** Kriechende Weide.	K ä t z c h e n kurz gestielt, eirund, zottig behaart.
		21) **Sal. angustifolia** Schmalblättrige Weide.	wie vorige.
		22) **Sal. rosmarinifolia** Rossmarinblättrige Weide.	wie vorige.
		23) **Sal. myrtilloides** Heidelbeerblättrige Weide.	wie vorige.
		24) **Sal. depressa** Niedergedrückte Weide.	wie vorige.
		h) Eine besondere Gruppe bilden die meist kleinen, oft mit krautig. Zweigen versehenen A l p e n - und G l e t s c h e r w e i d e n :	
		Sal. arbuscula **Sal. Lapponum** **Sal. Myrsinites**	Hohe, oft baumartige Str.
		Sal. reticulata **Sal. retusa** **Sal. herbacca**	Kleine Zwergstr. in der Umgebung d. Gletscher.

Dioecia.

Blume.	Frucht.	Blätter.	Bemerkungen. Standort, Blüthezeit u. s. w.
wie vorige.	Kaps. gestielt, filz.	Längl. lanzettlich, wenig ausgeschweift, gezähn., unters. seidig u. wenig glänz. Nebenblttr halbherzförm., langzugespitz, am Grund gezähnelt.	Wie die Korbweide. In feucht-Buschwäldern und an Ufern Norddeutschlands. 3-4.
W. Blthe. Gr. länger als d. 2 fädl., 2 theil. Narben, welche die Schuppenhaare nicht überragen.	Kapsel eikegelf. sitzend, filzig.	Langlanzettl., wenig oder nicht gezähn., in d. Jugend angedrückt, weichhaarig, später mit gelbl glanzlosem Filz. Nebenblätter eiförmig, spitz.	Strauch mit grünbraunen, glänzenden Zweigen. An Gewäss. des westlichen und nördlichen Deutschlands. 4-5.
W. Blthe. wie vorige, aber mit purpurfarbig Narben.	Kapsel eilanzettl., gestielt, kahl.	Lanzettlich-linealisch gezähn., unterseits graufilzig.	Der Korbweide ähnl., aber gewöhnlich zu den Sahlweiden gezählt. Mit braun., jung gelbl. weisshaarig. Zweig. An Gewäss. von Süd- u. Mitteldeutschl. 4.
W. Blthe. gestielter, seidenhaariger Frkn. mit mittellang. Gr. und eiförm. Narben. M. Blüthe. 2 gelbe Staubgefässe.	Kaps. lanzettl., nackt oder behaart, langgestielt.	eirund bis lanzettl., mit umgebogen. Spitze und etwas umgebogen. Rande, unterseits glänzend seidig. Nebenblttr lanzettlich spitz.	Str. mit knotiger, kriechender und sprossend. Wurzel, welche zahlr., bald liegende, bald aufsteigende Stämmch. mit zimmtbraun. Zweig. treibt. Auf sandigem Moorboden. 4-7.
wie vorige.	wie vorige.	verlängert lanzettl., steif, mit grader Spitze.	Vielleicht eine Abart der vorig., auf Torfmooren des nördlichen und östlichen Deutschlands. 5
wie vorige.	wie vorige.	Lineallanzettl., am Rande flach, an der Spitze grade.	Auch nur eine Abart d. *S. repens* u. auf denselb. Standort.
wie vorige.	wie vorige.	eirund bis herzf., matt, unterseits netzader. Nebenblätter halbeiförmig.	Kleiner, niedriger Strauch, an sumpf. Orten hoh. Gebirge. 5.
wie vorige.	wie vorige.	verkehrt eif., kurzspitzig, glatt, unters. bläul. Nebenblttr nierenförm.	Kleiner Str. mit langen, dünnen, hellbraun. oder etwas grünlich. Zweigen, in Mooren Schlesiens und Ostpreussens. 4-5. Der *Sal. aurita* ähnlich.

Lin. Ordnung	Allgemeiner Blumencharakter.	Arten.	Blumenstand.
7-12. 8-30 Stbgf. in d. männl. Blüthe.	(Siehe oben: Fam. **Salicineen**).	II. Gattung: **Populus**, Pappel. a) Männl. Blüthe mit 8 Staubgefässen; Kätzchenschuppen behaart; Blätter rundlich oder lapp. (Junge Zweige meist filzig.) 1) **Populus alba** Silberpappel. 2) **Pop. canescens** Graue Pappel. 3) **Pop. tremula** Zitterpappel, Aspe. b) Männl. Blüthe mit 12-30 Staubgefässen. Ktzchenschupp. meist kahl. Blätter eiförmig, fast 3eckig oder stumpf rhomboidal. (Zweige kahl.) 4) **Popul. balsamifera** Balsampappel. 5) **Pop. nigra** Schwarzpappel. Ihr ähnlich ist die aus Nordamerika stammende **P. monilifera** (Canadische Pappel), deren Blätter aber am Rande flaumig sind. 6) **Pop. pyramidalis** Pyramidenpappel.	Hängende Kätzchen mit zerschlitzt. Deckschuppen, hinter denen die Blthn. in einem kln. becherförm. Per. sitzen. Kätzchenschupp. gelblich, am weibl. Kätzchen an der Spitze gekerbt. Kätzchenschuppen bräunlich und stark zottig. Kätzchenschuppen gefingert, gestielt, dicht zottig. wie vorige. Kätzchenschupp. nierenf. M. Kätzch. mit gelb., w. Ktzch. m. braun. Schupp. Kätzchenschuppen braun.
4. 4 Stbgef. in der männl. Blüthe.	Blumen 1geschl., in kleinen, ährenförmig zusammengedrängten Kätzch. M. Blthe. nackt, mit 2 od. 4, freien od. verwachsenen Stbgef. W. Blthe. mit 4 schupp. Per., 1 Frkn. u. 2 verlängerten Narben. Fr.: Trockne, 1sam. Nuss od. Steinbeere. Kl. Sträuch. [Fam.: **Myriceen**].	**Myrica Gale** Gemeiner Gagel.	Blattwinkel- oder auch gipfelstnd. Ktzchenähre.

Blume.	Frucht.	Blätter.	Bemerkungen. Standort, Blüthezeit u. s. w.
Bl. mit kleinem becherförm. Per. M. Blüthe: 8-30 Stbgf. W. Blüthe: ungestielter Frkn. mit 4 spaltiger Narbe.			
wie bei a angegeben.	wie bei der Gattung.	rundlich eiförmig, buchtig gelappt, unterseits schneeweiss filzig.	Baum mit weissfilzigen Zweigen in feucht. Wäldern, namentl. der Rheinpfalz. 3-4.
wie vorige.	wie vorige.	rundl. eiförmig, winkelig gezähnt, graufilzig.	60-80' hoher Bm. mit graufilzigen Zweigen in feuchten Wäldern. 3-4.
wie vorige.	wie vorige.	fast kreisrd., geschweift gez., zuletzt kahl, mit langen, seitl. zusammengedrückten Stielen.	60-70' hoher Bm. auf quelligem sand. lehm. Boden. 3-4.
wie bei b.	wie vorige.	gross, eir., zugespitzt, gesägt.	40-50' hoher Baum mit Balsam ausschwitzenden Knospen. Aus Nordamerika. 4.
wie bei b.	wie vorige.	3 eckig-eif., lang zugesp., am Grund abgestutzt; auf langen, aufrecht. Stielen.	Bis 80' hoher Bm. mit sperrig abstehend. Aest. An feuchten Orten und Ufern. 4.
wie bei b.	wie vorige.	fast rhomboidal, zugespitzt, kahl; auf langen zusammen. gedrückten Stielen.	Bis 100' hoher Bm. mit aufrechten Aesten u. Zweigen aus dem Orient. In Deutschland nur cultivirt. 3-4.
wie bei dem Blumencharakter.	wie bei dem Blumencharakter.	schmallanzl., etwas ges., mit Harzpunkten besetzt.	2-3' hoher Str. auf torfigen Haiden des nordwestl. und nördl. Deutschlands. 4-5.

Lin. Ordnung	Allgemeiner Blumen-charakter.	Arten.	Blumenstand.
4. 4 Stbgef. in der männl. Blüthe.	Einfache Blüthendecke (Perig.). M. Bl.: mit 2 theiligem Per.; in Kätzchenbüscheln; mit 4 Stbgf. W. Bl. mit röhrig., a. d. Spitze 2 spalt. Per., 1 Griffel, 1 Narbe, 1 freiem, in der Perigonröhre eingeschlossenem Fruchtknoten. Frucht: saftige Steinbeere. [Fam.: **Elaeagneen**].	**Hippophaë rhamnoides** Sanddorn. In diese Familie gehört auch der aus Istrien stammende: **Elaeagnus angustifolia** Oleaster.	M. Blüthen in kleinen kätzchenartig. Büscheln; weibl. Blüthen einzeln. Blüthen zu 1-3 in den Blattwinkeln; 2 geschlechtig.
3. 3 Stbgef. in der männl. Blüthe.	Blumen 1 geschlechtig, 2 häusig. K. 3 theilig; Kr. 2 blättrig. M. Blthe. m. 3, frei, den Kronenblättern gegenst. Stbgef. Weibl. Blthe mit 1 freien, auf einer fleischigen Scheibe sitzend., 3-6 fächerigen Frkn. mit 1 Griffel, welcher eine 6-9 strahlige Narbe trägt. Fr.: 6-9 samige, schwarze Beere. Niederliegende, immergrüne kl. Sträuche. [Fam.: **Empetreen**].	**Empetrum nigrum** Schwarze Rauschbeere.	Einzeln, in den Blattwinkeln.
	Blumen 1- und 2 geschlechtig, vollständig oder unvollständig. M. Blume: mit 4 theilig. oder auch 4 blttr. Kr. und 4 (od. 6), den Kronenblttrn. angewachsen. Stbgf. W. Blume: vollständig; Kelchröhre dem Frkn. angewachsen, Kelchsaum ganz, frei. Frkn. mit d. Kelch verwachsen, 1 fächer., mit kopfiger Narbe. 1 sam. Beere. Auf Bäum. wachsende Schmarotzersträuch. [Fam.: **Loranthaceen**].	I) **Viscum** Mistel. **Viscum album** Weisser Mistel. II) **Loranthus** Riemenblume. **Loranthus europaeus** Gemeine Riemenblume.	Endständig, zwischen 2 Astgabeln in meist 5 blüthigen Köpfch. wie bei der Gattung. Endständ., kleine, lockere Aehren. wie bei der Gattung.

Blume.	Frucht.	Blätter.	Bemerkungen. Standort, Blüthezeit u. s. w.
männl. Bl. rostfarbig. weibl. Bl. silbergrau.	orangegelbe Stbeere.	lineallanzettl., unterseits silberweiss beschuppt.	Sehr dorniger Strauch oder kleiner Baum auf Sanduferstellen der Ströme und des Meeres. 4-5.
Perigon röhrig, 4spalt., gelb, auswend. silberweiss schuppig; 4 oberweib., freie Staubgef. und 1 mit der Perigonröhre umschlossener Frkn.	wie vorige.	lanzettlich, spitz, ganzrandig, silberweiss beschuppt	Str. mit graufilzigen, dornigen Aesten in Anlagen cultivirt. 5-6.
röthlichweiss oder rosenroth m. purpurnen Stbgf.	schwarze, unangenehm sauerschmeck. Beere von Erbsengrösse.	klein, lineal, am Rande zurückgerollt, zu 3-5 quirlig stehend.	Kleiner, niederliegender, der Haide- oder der Moosbeere ähnelnd. Strauch auf Haidetorfmooren bis zum höchsten Norden. 4-5.
1 geschlechtige gelbliche Bl. M. Blume: 4theil. Per. mit 4, a. d. Perigonzipfeln angewachs. Stbgf. W. Bl. vllstd. m. ganzrnd. Kelchsaume u. 4 blttr. Kr.	1 sam., weisse, durchscheinende, schleimvolle Beere mit 1 grünem Samenkorn.	lanzettlich, ganzrandig, nervenlos, gegenständig.	
wie bei der Gattung.	wie bei der Gattung.	gelbgrün, lederig.	Abgerundeter Str. mit gelbgrünen gabelständig., runden Aesten; auf den Aesten von Birn-, Apfel- und Fichtenbäumen. 3-4. Aus seinem Saft kocht man Vogelleim.
oft 2geschl. Bl. Kelchrand kurz, abgeschn. Kr. meist 4-6 blttr., gelbl. Staubgefässe 4-6; Griffel: 1, fädl., m. einfacher Narbe.	1 sam., hellgelb. Beere.		
wie bei der Gattung.	wie bei der Gattung.	länglich-eirund, gestielt, gegenstnd., stumpf, wenig geadert, abfallend.	Sehr sperriger, ästiger Str. mit graubraunen Aesten u. grünen Zweigen; auf den Aesten v. Eichen u. Kastanien schmarotzend im östl. u. südöstl. Deutschland. 4-5.

Lin. Ordnung	Allgemeiner Blumencharakter.	Arten.	Blumenstand.
12. 5 u. mehr Stbgef. in der männl. Blüthe. Die Stbgef. in ein Bündel verwachs.	M. Blumen in kugeligen, aus 8 kreuzstnd. Deckschupp. bestehend., Kätzch. Schuppen schildförmig, unterseits mit einem Kreis v. 5-8 Staubkölbch. besetzt. W. Blume: einzeln, endstnd. u. in einer kleinen, ringförm., oben offenen Becherhülle, mit 1 Frkn. Frkn.: ein oben offenes Samenbläschen, Fr.; napfförmige, oben offene, saftige, rothe Scheinbeere mit 1 nussartigen Samen. [Fam.: **Taxineen**].	**Taxus baccata** Eibenbaum.	Wie beim allgemeinen Blumencharakter.
	M. Blumen in meist blattwinkelständigen, kleinen, eiförm. Kätzch. mit gestielten schildförm. Schupp., deren jede an ihrer Unterseite 4-7, in 1 Bündel verwachs. Staubkölbch. trägt. W. Blumen in Kätzchen; jede mit einer, aus kln. Schüppch. bestehenden Hülle, u. einem oben offenem Samenbläschen. Fr.: eine, durch Vergrösserung u. Verwachsung der Kätzchenschuppen entstandene Zapfenbeere od. auch ein markiges Zäpfchen. [Fam.: **Cupressineen**].	**Juniperus** Wachholder.	M. Bl. blattwinkelständig. W. Kätzch. endständig, kugelig, mit 3-6 Schupp., von denen die 3 oberen fleischig sind und eine 3 spalt. Hülle bilden, in welcher 3 offene Samenbläschen liegen. Männl. Kätzch. wie bei d. Fam.
		1) **Junip. communis** Gem. Wachholder.	wie angegeben.
		2) **Junip. nana** Zwergwachholder.	wie bei vorigem.
		3) **Junip. Sabina** Sadebaum.	wie bei vorigem.
		In Anlagen erscheint cultivirt: **Jun. Oxycedrus**	wie bei vorigem.
		Jun. virginiana	

Ausser Juniperus gehören noch in die Familie
II) **Thuja**, Lebensbaum, mit kleinen
4 Staubgefässen in der männl. Blüthe, kleinen,
kommen in Anlagen cultivirt vor:
1) **Thuja occidentalis**: 30-40′ hoher
2) **Thuja orientalis**: 20-30′ hoher
III) **Cupressus**, Cypresse, (XXI. Classe)
menbläschen auf dem Grunde der weibl. Kätz
Nadeln. Hierher:
Cupressus sempervirens, bis 50′
geschützter Lage gedeihend. 2-3.

Dioecia.

Blume.	Frucht.	Blätter.	Bemerkungen. Standort, Blüthezeit u. s. w.
wie beim allgemeinen Blumencharakter.	siehe allgem. Blumencharakter.	lineal, flach, spitz, oberseits glänzend dunkelgrün, unterseits matt hellgrün; fast zweiseitswend.	Baum od. Strauch mit röthlichbrauner, etwas blättr. Rinde u. gedrängt stehenden Aesten vorherrschend auf Kalkgebirgen. 3-4. Er wird bis 40′ hoch und soll ein Alter von 1000 Jahren erreichen. Seine rothen, napfförmigen, oben offenen Scheinbeeren werden für giftig gehalten.
siehe allgem. Blumencharakter und Blumenstand.	eine aus der Verwachs. der 3 oberen, fleisch. Schupp. entstandene Zapfenbeere.		
wie angegeben.	schwarze, hechtblau bereifte Zapfbeere.	pfrieml. dornspitzig, steif, abstehend, zu 3 in Quirl.	Aufrechter Str. oder kleiner Baum v. 12-35′ Höhe mit weit kriechend. Wurzeln, am meisten auf steinigerdigen Hügeln und Abhängen. 4-5. Er liefert das aromatische Wachholderöl.
wie bei vorigem.	wie bei vorigem.	lineallanzettl., kurz, einwärts gekrümmt, sich locker deckend.	Liegender Str. an fels. Orten der Alpen u. a. Hochgeb. 7-8.
wie bei vorigem.	Beeren hängend.	rhombenförm., schuppig, entgegengesetzt, 4 reihig, sich deckend.	Kleiner Baum oder Strauch auf d. Alpen u. auch auf d. Eifel. 4-5.
wie bei vorigem.	Beeren roth.	lineal, abstehend, zu 3.	Aus Istrien.
	Beeren blau.	lanzettlich, meist zu 3.	Aus Nordamerika.

der Cupressineen:
Kätzchen, von denen männliche und weibliche auf einem und demselben Stamme sitzen, (also XXI. Classe), elliptischen Zäpfchen und schuppenförmig, sich dachziegelig deckenden, Nadelblättern. Aus dieser Gattung

Baum mit wagerecht abstehenden Aesten. Aus Nordamerika.
Baum mit fast senkrecht aufgerichteten Aesten. Aus China.
mit einhäusigen, kleinen Kätzchen; 4 Staubgefässen am unteren Rande der männl. Kätzchenschuppen; 8 Sachenschuppen, holzartigen, eirunden Zapfen mit gebuckelten Schuppen und 4 reihig gestellten, angedrückten

hoher, pyramidalkroniger Baum mit aufrechten Aesten und 4 kantigen Zweigen. Aus Südeuropa und nur in

UEBERSICHT

DER

SCHAEDLICHSTEN INSECTEN

AN DEN

WICHTIGEREN BAUMARTEN.

Von den schädlichen Insecten im Allgemeinen.

Die Holzgewächse, — und namentlich die Bäume — sind die Herbergen und Nahrungsmagazine einer grossen Menge von Thieren, ganz besonders von Insecten. Diejenigen unter diesen Insecten nun, welche die einzelnen Theile der Holzgewächse benagen, dass sie krankhaft werden, kümmern und absterben, ja wohl gar den T. des ganzen, von ihnen bewohnten, Gewächses herbeiführen, betrachtet der Mensch als gefährliche Feinde der von ihnen befallenen Holzgewächse und sucht demgemäss theils ihrem Auftreten überhaupt entgegenzuarbeiten, theils ihr einmal eingetretenes Vorhandensein zu vernichten oder doch zu hemmen.

Um nun aber diesem feindlichen Wirken der Insecten mit Erfolg entgegentreten zu können, muss der Mensch dreierlei wissen:

1) welche Insecten überhaupt bis jetzt als Feinde der Bäume erkannt worden sind;

2) an welchen Merkmalen man überhaupt das Vorhandensein schädlicher Insecten an Theilen eines Baumes bemerkt;

3) welche Mittel man anzuwenden hat, um entweder den Einbruch schädlicher Insecten von Bäumen abzuwenden oder, wenn sie schon vorhanden sind, ihre Schädlichkeit zu hemmen oder zu vernichten.

So wichtig diese drei Punkte zu einem erfolgreichen Entgegentreten der schädlichen Bauminsecten sind, so gehört deren weitere Erörterung doch nicht hierher, sondern in das Gebiet der Waldpflege und Forstinsectenkunde. Wer sich daher über dieselben genau unterrichten will, der lese vor allen:

Ratzeburg: die Forstinsecten und die Waldverderber. (Beides die Hauptwerke für die Forstinsectenkunde.)

Taschenberg: die landwirthschaftlichen Insecten.

Grebe: die Waldpflege.

Auch in Senft's Lehrbuch der forstlichen Zoologie ist über diesen Gegenstand vieles mitgetheilt.

Hier kann nur das Wichtigste über die Erkennung und Bestimmung der bis jetzt als wirklich schädlich bekannt gewordenen Arten der an den, von dem Menschen cultivirten, Baumarten vorkommenden Insecten mitgetheilt werden.

Um nun aber die folgenden Uebersichtstafeln auch für den nicht mit der Insectenkunde vertrauten Baumzüchter verständlich zu machen, mögen hier folgende Andeutungen ihren Platz finden.

a) Merkmale vom Dasein schädlicher Insecten an einem Baume.

1) die an den Blättern lebenden Insecten sind am leichtesten zu erkennen, theils schon durch ihre Grösse und Gestalt, theils auch durch ihre Wirkungsweise (d. i. durch die abgenagten Blätter, von denen sie stets die harten Mittelnerven oder doch wenigstens die Blattstiele oder Blattscheiden [bei den Kiefern] stehen lassen).

2) Von Insecten bewohnte Knospen u. Triebe werden gelbbraun, schrumpfen zusammen und krümmen sich, verlieren auch wohl die Deckschuppen oder Blätter.

3) Von Insecte   urchnagte Früchte ändern die Farbe, bekommen gewöhnlich
   gelbbraune oder überhaupt dunklere Flecken, als sie im gesunden Zustande
   zeigen, schrumpfen auch wohl zusammen und fallen vor der Zeit der eigentlichen Fruchtreife ab. Auch bemerkt man wohl an ihrer Aussenseite Klümp-
   chen von Auswurf, welches bei den Nadelholzzapfen mit Harz untermischt ist.
4) Die von Insecten benagten Blüthen schrumpfen zusammen, werden miss-
   farbig und verlieren Blätter und Staubgefässe.
5) Von Insecten bewohnte Stämme und Aeste zeigen eine lose, beim Anklopfen
   hohl klingende, leicht ablösbare Rinde, welche von den Fluglöchern der sie
   bewohnenden Insecten mehr oder minder durchbohrt ist, so dass es aussieht,
   als sei sie von Schroten oder Kugeln durchschossen. Auch hängt gewöhnlich Wurzenmehl oder sonstiger Abwurf in oder vor den Bohrlöchern oder
   auch in den Ritzen der Rinde.
6) Sind die Wurzeln von Insecten angenagt, dann lassen sich namentlich junge
   Stämmchen leicht ausziehen. Oft fallen diese letzteren auch von selbst um.
   Auch bemerkt man, dass die den angenagten Wurzelästen entsprechenden
   Triebe des Stammes gelbe Spitzen bekommen, ihre Blätter abwerfen und
   verwelken. Dieselbe Erfahrung hat man gemacht, wenn der Bast und Splint
   im Stamme selbst von Insecten streckenweise zernagt worden ist.
7) Oft bemerkt man auch die an den Kronen der Bäume vorhandenen Insecten
   durch ihren Unrath, welcher den Boden unter den Bäumen um so reichlicher
   bedeckt, je mehr z. B. Raupen vorhanden sind.

---

b) Körper und Classification der Insecten.

Insecten oder Kerfe sind knochenlose, weissblüthige, geringelte Thiere, welche
1) einen in drei Hauptabschnitte, nemlich in Kopf, Bruststück und Hinterleib getheilten Körper;
2) am Kopfe die — saugenden, stechenden oder beissenden — Mundtheile, zwei
   — einfache oder zusammengesetzte — Augen und zwei Fühler;
3) am Bruststücke nach oben zwei (seltener ein) Paar häutiger, mit hornigen
   Adern durchzogener Flügel und nach unten drei Paar gegliederter (aus Hüfte,
   Schenkel, Schienbein und Fuss bestehender) Beine;
4) einen aus mehreren (5—9) hinter einander liegenden Hornringen bestehenden
   Hinterleib besitzen und
5) mehrere Umwandlungen (Metamorphosen) erleiden müssen, ehe sie die eben
   angegebene Gestalt erlangen. Diese Umwandlungen theilen das Leben des Insectes in folgende Zustände:
   > das Insect ist zuerst ein Ei, dann eine Larve oder Raupe, dann eine
   > Puppe, zuletzt vollständige, mit Flügeln und Geschlechtsorganen versehene
   > Fliege.

Sämmtliche Insecten hat man nach ihrem Körperbau (namentlich nach der Art
ihrer Mundtheile und Flügel) und ihren Verwandlungsformen in folgende Ordnungen,
Unterordnungen und Familien eingetheilt: (siehe umstehende Seite).

Ordnungen.	Unterordnungen.
I. Ordn.: **Käfer** [**Coleoptera**]: Insecten mit beissenden Mundtheilen (Beisszangen), 4 Flügeln, v. denen die oberen hornig u. undurchsichtig, die unteren häutig und durchsichtig sind, und mit vollkommener Verwandlung. (Larven: fusslos oder 6 füssig; Mumienpuppen).	1. *Pentamera:* An jedem Fusse 6 Glieder. 2. *Heteromera:* An jedem der beiden ersten Füsse 5, an den übrigen 4 Glieder. 3. *Tetramera:* An jedem Fusse 4 Glieder. (Enthalten die meisten schädlichen Insecten). 4. *Trimera:* An jedem Fusse der 3 Glieder.
II. Ord.: **Aderflügler** [**Hymenoptera**]: Vier durchsichtige Flügel mit ästig verzweigten Adern; Beisszangen; vollkommne Verwandl. (Fusslose Larven oder 3-, 18-, 20- bis 22 füss. Afterraupen, Mumienpuppen).	1. Mit 2 Ringen zwischen Hüfte u. Schenkel: *Ditrocha.* 2. *Monotrocha:* Mit 1 Schenkelring.
III. Ord.: **Schmetterlinge** [**Lepidoptera**]: Vier undurchsichtige, mit farbigen Staubschuppen bedeckte Flügel; Rollrüssel; vollkommene Verwandlung. (10-16 füssige Raupen mit Häkchen an den Bauchfüssen; maskirte Puppen).	1. *Diurna:* Grosse, in der Ruhe aufgerichtete Flügel; geknopfte oder keulenförmige Fühler. 2. *Crepuscularia:* Schmale, in der Ruhe wagerecht liegende Flügel; kolbige oder prismatische Fühler. 3. *Nocturna* (oder *Phalaena*): Meist breite, dachig oder wagerecht liegende Flügel; Fühler gefiedert, gekerbt oder borstenförmig. 4. *Mikrolepidoptera:* Klein, mit schmalen, dachförmig liegenden oder um den Leib gerollten Flügeln; Fühler fadenförmig. Raupen versteckt lebend.
IV. Ord.: **Netzflügler** [**Neuroptera**]: Vier gleichartige, durchsichtige, engmaschig geaderte Flügel; Beisszangen; unvollkommene Verwandlung.	1. *Subulicornia:* Sehr kurze, pfriemenförmige Fühler. (Florflügler). 2. *Longicornia:* Sehr lange, borstliche Fühler.
V. Ord.: **Gradflügler** [**Orthoptera**]: 4 oder gar keine Flügel; Vorderflügel schmal, pergamentartig, gerade; Hinterflügel breit, fächerartig gefalt.; Beisszang.; unvollkommne Verwandl.	1. *Orthoptera:* Mit 4 Flügeln. 2. *Aptera:* Ohne Flügel.
VI. Ord.: **Schnabelkerse** [**Rhynchota** oder **Hemiptera**]: 4 Flügel od. gar keine; langer, spitzer, gegen die Brust zurückgeschlagener Stechrüssel (Schnabel); unvollkommene Verwandlung.	1. *Heteroptera:* Vorderflügel halb undurchsichtig; Hinterflügel ganz undurchsichtig. Schnabel an der Spitze der Stirn. 2. *Homoptera:* Alle 4 Flügel durchsichtig u. gleichartig; Schnabel unten am Grund des Kopfes. 3. *Aptera:* Meist ohne Flügel oder nur das Männchen mit 2 Flügeln.
VII. Ord.: **Zweiflügler** [**Diptera**]: 2 durchsichtige, geaderte Flügel; Schöpf- od. Stechrüssel, welcher nicht gegen die Brust zurückgeschlagen liegt; vollkommene Verwandlung (kopf- u. fusslose Maden; Tonnenpupp.)	1. *Proboscidea* (Rüsselfliegen). 2. *Eproboscidea.*

der Insecten.

Familien.

1. *Carabicina*, — 2. *Serricornia* (mit gesägten Fühlern; zu ihnen: *Buprestis*. — 3. *Lamellicornia*, deren letzte Fühlerglieder blättrig sind. z B. *Melolontha*. — 4. *Clavicornia*. — 5. *Brachelytra*. — 6. *Hydrocantharida*. — 7. *Hydrophilina*.

1. *Taxicornia*. — 2. *Stenelytra*. — 3. *Melanosomata*. — 4. *Trachelophora* (z. B. *Lytta vesicatoria*, die spanische Fliege, Körper walzig; Kopf mit langen Fadenfühlern und kurzem Hals; Bruststück fast herzförmig.

1. *Curculionida* (Kopf in einen Rüssel verlängert). — 2. *Bostrichina* (kaum 4''' lg., walzig, mit kleinem Kopf, geknopften Fühlern (Keulenfühlern) und grossem, gewölbten Brustschild). — 3.

3. *Cerambycina*, Körper gestreckt, kräftig, mit meist sehr langen, nach hinten gebogenen Fühlern.

4. *Chrysomelina* eirund oder walzig eirund, unten flach, oben gewölbt; Fühler kurz.

1. *Coccinelina* (Marienkäfer). — 2. *Pselaphina*.

1. *Tenthredonidae* (Blattwespen): Hinterleib mit der ganzen Breite der Brust angewachsen; Legestachel im Körper; Schienen der Vorderbeine mit 2 Dornen. — 2. *Siricidae* (Holzwespen): Hinterleib wie vorige; Legestachel aus dem Hinterleib vorragend; Vorderbeinschienen 1 dornig. — 3. *Gallicolae* (Gallwespen): Klein, Hinterleib gestielt.

4. *Ichneumonidae* (Schlupfwespen).

5. *Rapientia* (Raubwespen). — 6. *Anthophila* (Bienen, Wespen, Ameisen, Hummeln).

1. *Papilionida* (z. B. Pap. Crataegi, Baumweissling). — 2. *Hesperidae*.

1. *Sphingidae* (z. B. *Sphinx pinastri*). — 2. *Zygaenidae*. — 3. *Sesiae* (mit unbeschuppten, durchsichtigen, nur am Rande undurchsichtigen Flügeln, z. B. *Sesia apiformis*).

1. *Bombyces* (Spinner) (dickleibig; meist grossflügelig, stark bestaubt; Fühler gefiedert oder gekerbt. Raupen meist behaart, spinnen sich bei der Verpuppung ein). — 2. *Noctuae* (Eulen); Kopf klein, um die Augen herum einen Haarkranz; Fühler borstig oder fadenförmig; Vorderflügel schmal; Hinterflügel eirund.

3. *Geometrae* (Spanner), den Diurnen ähnlich, aber Fühler fadenförmig od. gefiedert. Raupen 10 füssig.

1. *Tortrices* (Wickler); Vorderflügel an der Schulter bogig hervortretend, nicht gefranzt). — 2. *Tineae* (Motten); Flügel sehr schmal, langgefranzt). — 3. *Pyrales* (Zinsler). — 4. *Alucidae*.

1. *Libellulina* (Wasserjungfern). — 2. *Ephemerina* (Einlagsfliegen).

1. *Perlaria* (Frühlings-Florfliegen). — 2. *Phryganeae* (Köcherfliegen). — 3. *Sialidae* (Schlamm-Florfliegen). — 4. *Hemerobia* (Blattlaus-Florfliegen). — 5. *Myrmecolea* (Ameisenlöwe).

1. *Saltatoria* (Heuschrecken, z. B. Maulwurfsgrille, *Gryllus gryllotalpa*). — 2. *Blattina* (z. B. die Schabe). — 3. *Forficulina* (Ohrwürmer). — 4. *Physapoda* (Blasenfüsse).

1. *Podurina* (Schneeläuse). — 2. *Lepismatina* (z. B. der Zuckergast). — 3. *Pediculina* (Läuse).

1. *Geocores* (Wanzen). — *Hydrocores* (Wasserwanzen).

1. *Cicadina* (z. B. Schaumcicade). — 2. *Aphidina* (Blattläuse und Rindenläuse).

1. *Coccina* (Schildläuse). — 2. *Pediculina* (ächte Läuse).

1. *Tipularia* (Mücken). — 2. *Pulicina* (Flöhe). — 3. *Tanystomata* (Raubfliegen, Bremsen). — 4. *Athericera* (Fliegen und Bremsfliegen). — 5. *Notacantha* (Wasserfliegen).

1. *Pupipara* (Lausfliegen, Vogel-, Schaf-, Pferdelausfliege).

	An Stammtheilen (Stamm, Wurzelstock, Aesten, Zweigen).	**An Knospen und Triebeln.**
Käfer und ihre **Larven.** (Kfr. = Käfer; Lven = Lar- ven).	**a) Borkenkäfer.** 1. *Hylesinus ater*: Aeste des Wurzel-stocks junger Kiefern in geschlängelt. Gängen. — Kfr.: 2‴lg, walzig, schwarz. 2. *Hyles. piniperda*: Alte Stämme unter der Rinde im Stm. — Käfergang: senk-recht, oben mit Krümmung, ohne Höh-lung in der Mitte; Lvgge.: strahlig von dem Käfergang. — Kfr.: 2‴lg., flach-walzig; ockergelb od. braunschwarz; 7-4. 3. *Hyles. minor*: Stangenhölz.; Kfrgg.: wagerecht (——); Lvgge.: senkrecht oben und unten auf dem Käfergang. — Kfr.: ³/₄‴lg.; gelblich oder schwarz. 4. *Bostrichus stenographus*: Alte Stme. Kfrgg.: senkrecht bis 12‴lg., mit Höh-lung in der Mitte; Lvgge.: strahlig, ver-worren an beiden Seiten des Käferganges. — Käfer: 3-3¹/₂‴lg.; gelb od. schwarz-braun; hinten a. d. Flügeldecke 6 Spitzen. 5. *Bostr. bidens*: Aeste u. Stangen-hölzer; Käfergang: 4strahlig, kreuz-förmig; Lgge.: senkrecht auf den Strah-len. — Kfr.: 1‴lg.; grauschwarz. — 8-5 6. *Bostr. lineatus*: (s. Tafel II). **b) Rüsselkäfer.** 1. *Hylobius pini*: (s. Tafel II). 2. *Pissodes notatus*: Lven. im Bast junger Bäumchen in geschlängelten Gängen. — Im 6-7. Kfr.: 2¹/₂-3‴lg.; Fühler ge-knickt in der Mitte des Rüssels; braun-grau mit 8 weissen Puncten auf dem Halsschild u. 2 halben, rostrothen Quer-binden auf den Flügeldecken. 8-5. **c) Bockkäfer.** *Lamia aedilis*: Alte Stämme im Baste; Lvn. 10-12‴lg., fusslos, gelbilchweiss. Käfer mit sehr langen Borstenfühlern.	**a) Borkenkäfer:** *Hyles. piniperda*: die Markröhre der Triebe ausnagend im 8-10. Käfer s. a. 2. der vorigen Reihe. **b) Rüsselkäfer:** 1. *Pissodes notatus*: s. unter b. 2. der vorigen Reihe. 2. *Hylob. pini*: s. unter b. 1. 3. *Magdalis violaceus*: Kfr. a. d. Knos-pen im 5.; 2¹/₂‴lg.; dunkelstahlblau; mit langem, gebog. Rüssel, in dessen Mitte die geknickten Fühler. **c) Blattkäfer:** *Galleruca pinicola*: Käfer im 5-6. die jungen Triebe benagend; im 8. u. 9. auch die Nadeln; 1¹/₂-2‴lg., fast wal-zig; bräunlich-schwarz; Füsse u. Fühler, beim Weibchen auch das Brustschild gelb.
Schmetter- **linge** (= Schm.) und ihre **Raupen** (= Rpn.)	*Tortrix resinana*: Raupe in den Harz-beulen an jungen Zweigen und Trieben (s. folgende Reihe unter 4). *Tinea sylvestrella*: Fast 12‴lge., grünlich-braune, graubraun behaarte Rpe., unter der Rinde 15-20jähriger Kiefernstämme (siehe Zapfen).	**Wickler** (*Tortrix*). 1. *Tortr. turionana*: Rpe. in d. Haupt-knospe 6-20jähr. Stämme im 8-5.; 7-8‴lg., bräunlich mit schwarzem Kopfe und Rückenschild. Schm.: gelbbraun-röthlich mit silberigen, unterbrochenen Querstreifen; im 5-6. 2. *Tortr. buoliana*: Rpe. i. d. Haupt-trieben junger Stämme im 9-5.; wie vor., aber erdbraun. — Schm. 8-10‴ breit, fast gelbroth mit silberigen, sich gabelnden, Querstreifen; im 7. **Eulen:** *Noctua piniperda*: Rpe. an Knospen (s. Nadeln).

den Kiefern.

<table>
<tr><td align="center">An Nadeln.</td><td align="center">In Zapfen.</td></tr>
</table>

Rüsselkäfer:

Brachyderes incanus, Kfr. an d. Triebnadeln junger Bäumchen: $3^{1}/_{2}$-4''' lg.;
Schwarz, graubeschuppt mit Kupferglanz; Rüssel grade sehr kurz. Im 5 u. 7.
Ausserdem auch im 8-9 *Galleruca pinicola:* s. vor. Reihe unter c.

Spinner, (Bombyx) [Gas.=Gastropacha; Lip.=Liparis].

1. *Bomb.* (Lip.) *monacha* [siehe Tafel II. die Fichte].
2. *Bomb.* (Lip.) *Dispar* [siehe Taf. IV. die Laubhölzer].
3. *Bomb.* (Gas.) *pini*: Rpe im 8 an alten Kiefern: $3^{1}/_{2}$-4'' lg. halbrauh, an den
Seiten des Körpers und auf dem 11. Ringe mit lg. u. grau behaarten Warzen;
aschgrau od. braun; am Gelenk des 2. u. 3. Halsringes ein dunkel-
blaues Querband; auf d. Rücken vom 4. Ringe a. dunkle, stumpfrhombische
Flecke. Verpuppg am Stamm in längl., haarigen Gespinnsten. Schm.:
$2^{1}/_{2}$''-3''breit; dickleibig; braungrau oder braun; auf der Mitte der Vorderfl.
ein kleiner, 3eckiger, weisser Fleck u. nach d. Aussenrande hin eine gezackte,
unterbroch., dunklere Querbinde. Im 7-8.

Eulen (Noctua).

Noct. piniperda: Rpn. am meisten an Stangenhölzern, auch an Knospen im 5-7.;
bis 2'' lg.; nackt, mit 4 gelbgrünen, 5 weissen, 2 gelbrothen (a. d. Seiten)
Längsstreifen; braunköpfig, 16füssig, Verpuppg in d. Erde. Schm.:
1''br., schmalflügelig, mit weissem Halskragen; Vorflügl.; braunroth od. grau-
braun mit einem nierenförm. u. einem runden grünl. Flecken in der Mitte, u.
einer gewässerten Querbinde nach dem weiss und röthlich gefranzten Aussenrand hin. Hinterflgl. dunkelbraun. Im 3-4.

In Zapfen.

Motten *(Tinea):*
Tin. sylvestrella: Rpe.
in Zapf.; 10-12'''lg.,
grünlichbraun, grau-
braun behrt. – Schm.
10-12'''br., röthlich-
grau mit 3 dunkeln,
hellgesäumten Quer-
streifen.

I. Insecten an

	An Stammtheilen (Stamm, Wurzelstock, Aesten, Zweigen.)	An Knospen und Trieben.
Schmetterlinge und ihre **Raupen.**	Fortsetzung.	3. *Tortr. resinana*: $4'''$ lge, ockergelbe, braunköpfige Rpe. i. d. Harzknoten an den Trieben und Zweigen vom 9. an bis 4 im zweiten Jahre. — Schm.: $6-8'''$ breit, dunkelbraun mit silberigen Querstreifen. — 5-6. **Motten** *(Tinea)*. *Tinea Reusiella* Rpe. in d. Trieben. — Schm.: $6'''$ br., grau, mit 7 schwarz. Puncten auf jedem Vorderflügel.
Blattwespenraupen (= Aftrpe.)		

II. Insecten an Fichten,

Käfer und deren **Larven.** Kfrgge. = Gänge vom Käfer genagt. Lvgge. = Gänge von Larven genagt	a. nur an **Fichten.** *α.* **Borkenkäfer** *(Bostrichina)*. 1. *Bostrichus typographus*: Käfergänge senkrecht, in der Mitte mit Höhle; Lvngge. strahlig von beiden Seiten des Käferganges. Käfer: $2-2^1/_2'''$ lg., gelb oder schwarz; hinten an den Flügeldecken 8 Zähne. Im 4-5 ; dann im 9. 2. *Bostr. chalcographus*: Käfergänge: sternförmig. Kfr.: $1'''$ lg.; braun; hinten an den Flügeldecken 6zähnig. Im 4-5. 3. *Bostr. polygraphus*: Käfergänge: wagrechte Doppelarme (⁀‿) Käfer: $1'''$ lang. 4. *Hylesinus micans*: Am Fusse der Stämme grosse Stücken Bast wegnagend. Käfer: $3-4'''$ lang, gelb, zottig behaart. 5. *Hyles. cunicularius*: Am Wurzelstock 2-6jähriger Stämmch. ⁓ Gänge nagend. Kfr. $1'''$lg., schwarzbraun. β. **Rüsselkäfer** *(Curculio)*. 1. *Curc.* (Otiorhynchus) *ater*: Käfer schwarz mit rothbraunen Beinen; $4-5'''$ lg.; Fühler geknickt am Ende des Rüssels. — Im 6. in jungen Stämmen. 2. *Curc.* (Pissodes) *Hercyniae*: Kfr.: $2^1/_2-3'''$ lg., gestreckt; schwarzgrau, weisspunctirt, mit unterbrochenen Flügelbinden; Fühler geknickt, in der Mitte des dünnen Rüssels. — Im 5-6. 3. *Curc.* (Pissod.) *notatus* (s. I. Tafel: Kiefer). b. an **Fichten, Tannen** und **Lärchen.** 1. *Bostr. lineatus*: Im Holze nagend Käfer $1^3/_4'''$ lg.; hell und dunkelgestreift. 2. *Bostr. curvidens*: Wagegänge namentl. an der Tanne: Käfer $1^1/_2'''$ lang; mit gekrümmten Zähnen hinten an den Flügeldecken. — Im 4-5 und im 9. 3. *Bostr. laricis*: Käfergänge oben und unten S förmig geschwungen. Larvengänge verworren. 4. *Hyles palliatus*: Käfergge. senkrecht unregelmässig, Lvgge. verworren. Käfer hellbraun, $1^1/_2'''$ lg. 5. *Curc.* (Hylob.) *pini* (siehe Triebe).	*Curculio* (Hylobius) *pini*: Rüsselkäfer: $4-6'''$ lng.; gewölbt; dunkelbraun; auf dem Halsschilde 2 rostgelbe Längsstreifen; auf d. Flügeln 2 schiefe unterbrochene, rostglb. punctirte Querbinden, Fühler am Ende des Rüssels. Im 5 und 8. — Larven in alten Stöcken.

den Kiefern.

<table>
<tr><td><h2 align="center">An Nadeln.</h2></td><td><h2>In Zapfen.</h2></td></tr>
</table>

Spanner (Geometra).
Geom. piniaria: Rpen. namentl. an Stangenhölzern im 7-9. — 1″ lg. nackt, 10 füssig; gelbgrün, mit 5, auch über d. grünen Kopf ziehenden, weissen Längsstreifen. Verpuppg in der Erde — Schm.: Männch. 12‴ br., schwarzbraun mit gross. längl. 3 eckigen, weissen Flecken; Weibch.: 15‴ br., rostgelb und, namentl. am Aussenrand d. Flügel dunkelbestaubt. — 5-6

Blattwespen [Tenthredo = Tenthr.; Gattg. Lophyrus = Loph.; Lyda = Ly.].
1. *Tenthr.* (Loph) *pini*: Aftrpe.: über 1″ lg., 22 füssig, gelbgrün, über jedem Bauchfuss ein schwarz., gebog. Strich (∫); in dicken Haufen im 5-7 u. im 8-9.
2. *Tenthr.* (Loph.) *rufa*: 10-12‴ lge, 22 füss., unrein graugrüne, schwarzköpfige Afterraupe in dicken Haufen an 20-40 jährigen Kiefern im 6 und im 8.
3. *Tenthr.* (Ly.) *pratensis*: 1″ lge., grünliche, auf dem Rücken dunkelbraun längsgestreifte Afterraupe in einem Sackgespinnst zwischen den Nadeln; mit 3 Paar Brustfüssen und 1 Paar Afterfüssen. — Im 7-8.

Tannen und Lärchen.

Maikäfer *(Melolontha vulgaris)* und **Juniuskäfer** *(Mel. solstitialis)* an den Nadeln der Lärchen- und Tannentriebe (s. Tafel III. Laubhölzer).

	An Stammtheilen (Stamm, Wurzelstock, Aesten und Zweigen).	An Knospen u. Trieben.
Schmetter- linge und deren **Raupen.**	**Wickler** *(Tortrix):* 1. *Tortr. dorsana:* 5-6′′′ lge., 16 füssige, röthelnde Rpe. in geschlängelten Gängen unter den Astquirlen von 1-4″ dicken Fichtenstämmchen von 8-5. — Schm. braun mit silberigen > = u. V = förmig. Querbinden u. hellbraunem Spiegelfleck am Vorderrande. Im 6. 2. *Tortr. Zebeana:* Rpe. unter Astquirlen jung. Lärchen.	**Motten** *(Tinea).* *Tin. Bergiella:* Raupe zernagend im 8 u. 9. die Spitzknospen junger Fichten. *Tinea laricinella:* 2′′′ lange Rpe. in einer Hülse an den Knospennadeln der Lärchen saugend. (s. Nadeln.)
Blatt- wespen- raupen. (Aftrpe.) **Holz- wespen- raupen.**	*Sirex Gigas:* 6 füssige, mit Afterspitze versehene Larve. Im Fichtenholze. *Sirex spectrum:* Lve. wie vor., aber im Tannenholze.	
Pflanzen- läuse. (Blttl. = Blattlaus) (Rdl. = Rindenlaus) (Schl. = Schildlaus).	**Schildläuse:** *Coccus racemosus:* Erbsengrosse, runde Blasen, welche wie Beeren aussehen, in grosser Menge an den Astquirlen junger Fichten bildend. Im 5-6. **Rindenläuse:** *Chermes viridis:* Gelbgrüne Rdl. in zapfenähnlichen, grün und roth beschuppten Auswüchsen am Grund der Zweige junger Fichten.	**Rindenläuse:** *Chermes coccineus:* Erdbeerähnliche, weisse Auswüchse a. d. Spitze der Zweige jung. Fichten. Laus: roth. *Chermes viridis:* siehe Zweige. **Blattläuse:** *Aphis pini* röthlichbraun. An Fichtentrieben.

Tannen und Lärchen.

<table>
<tr><td>

An Nadeln.

</td><td>

In Zapfen.

</td></tr>
<tr><td>

a) **Spinner** (*Bombyx*; Lip. = Liparis).
 1) *Bomb.* (Lip.) *monacha*: Rpe. bis 1½" lg., heller oder dunklergrau; auf jedem Ringe 6 büschelig weiss- und schwarzbehaarte Warzen, von denen die zunächst hinter dem Kopfe lang und haarohrenähnlich; auf dem 2. Ringe ein schwarzes Herzfleck, welches sich nach hinten in einem weissl. Fleck ausspitzt, dann vom 4-11 Ring als dunkelgrauer Längsstreif. wieder erscheint u. auf d. 8. u. 9. Ring von einem weissen Fleck unterbrochen wird; vom 3-7. Verpuppg. in Rindenritzen; Puppe mit braunen oder weissl. Haarbüscheln. — Schm. 2-2½" br.; weiss oder graul. auf den Vrdrflgln mit schwarzen Zickzacklinien und in der Mitte der Flügel ein schwarzes · < Zeichen. Im 7-8.
 2) *Bomb.* (Lip) *dispar*: siehe III. Tafel: Laubhölzer.
b) **Wickler** (*Tortrix*).
 1) *Tortr. hercyniana*: 3-4''' lge., bräunliche, 16 füss. Rpe. zwisch. zusammengewickelten Nadeln an 10-20 jähr. Fichten im 7-9. — Schm.: 5-6''' breit, braun mit weissen Bindenstreifen.
 2) *Tortr. histrionana*: 5-6''' lge., grüne, 16 füss. Rpe. zwischen zusammengewickelten Nadeln in den Spitzen, namentl 40-50 jähr. Tannen; im 5-6. — Schm.: 8''' br., grau u. braun mit mehrer. weissl. u. schwarz. Fleckch.; im 6-7.
c) *Tinea laricinella*: 2''' lge., bräunl. Rpe. in einer Hülse von ausgesogenen Lärchennadeln im 4-7. Schm.: 3-4''' br., aschgrau.
   Blattwespengattung: *Nematus*. Die Afterrp. 20 füss., grün. An Lärchen.
 1) *Tenthredo* (Nem.) *laricis*: Afterrpe. bis 6''' lg., erst unreingrün, dann grasgrün, mit grünlich bräunlichem Kopf. Im 5-6.
 2) *Tenthr.* (Nem.) *Erichsonii*: Afterrpe. über 1" lg.; oben graugrün, unten gelbgrün, mit schwarzem Kopfe. Im 7-8.

Rindenläuse an den Nadeln der Lärchen:
 Chermes laricis: schmutziggrün oder braun, mit weisser Wolle bedeckt; saugen die Nadeln in der Mitte an, dass sie ein Knie bekommen.

</td><td>

Tortrix strobilana: Raupe 5—6''' lang, 16 füssig, gelblichweiss, vom 6-3 im nächsten Jahre. — Schm.: 6-8''' breit, braun mit silbergen < = u. ⋁ förmigen Querstreifen. Im 6.

</td></tr>
</table>

III. Insecten an Weiden, Pappeln, Erlen u. Birken.

an Stamm-theilen (Wurzelst., Stamm, Aesten, Zweigen u. Trieben).	**a) Käfer und deren Larven** (Kfr. = Käfer, Lve. = Larven). 1) **Bockkäfer** (*Cerambyx* = *C.*) an Pappeln: *C. (Saperda) Carcharias.* Lve.: über 1″ lg., walzig, fusslos, bräunlichweiss; Kopf sehr klein; 1 Ring gross, stumpf, 4eckig, mit braunrothem Schild; vom 8 an 2 Jahre lang Gänge nagend im Holzkpr. 10-20jährig. Stämme. Kfr.: 10-12‴ lg., ockergelb oder lederbraun, schwarz punctirt, mit langen Borstenfühlern. Im 6-7. *C. (Sap.) populneus.* Lve.: 10-11‴ lang, walzig, fusslos, gelblich, sonst wie vorige; 2 Jahre lang im Holze 2-6jähriger Aspenstämmchen. Kfr.: 5-6‴ lg., schwarzbraun, auf dem Brustschilde mit 2 gelben Längsstreifen, auf jeder Flgdecke. 4 gelbe Querstreifen. 2) **Borkenkäfer** in Birken: *Eccoptogaster destructor.* 3‴ lgr., schwarzer Kfr. in senkrechten Kfrgäng., von denen die Lvengge. zu beiden Seiten strahlig abziehen. Kfrgge. 4-5″ lg., mit viel. Luftlöchern. In 20-40jähr. kümmernden Birken. **b) Schmetterlinge und deren Raupen.** 1) an Pappelstämmen: *Sesia apiforuis.* Rpe.: bis 1½″ lg., 16füss., unrein bräunlichweiss, einzeln behaart; Kopf braun; vom 8 an 2 Jahre lang in dem Wurzelstocke Gänge nagend. Schm.: 2″ breit, einer Wespe ähnl., mit durchsicht., braungeränderten Flügeln.; Kopf und Schenkel gelb; Hinterleib gelb und schwarz gegürtelt. Im 6-7 an Pappelstämmen. 2) in Weiden, Pappeln, Erlen und Birken: *Cossus ligniperda.* Rpe.: 3½″ lg., 16füss., fast nackt, schmutzig braunroth, mit schwarzem Kopf und Halsschilde; 3 Jahre lang die Stämme durchnagend. Schm.: 3″ br., plump, rauchgrau mit schwarzen Adern zickzack. durchzog.; Hinterleib mit gelblichweiss. Gürteln. Im 6-7 an d. Stämm. sitz. *Cossus aesculi* (s. Taf. IV.).
an Knospen und Blättern.	**a) Käfer und deren Larven.** 1) *Rhynchites Betuleti.* Rüsselkfr.: 2½-3‴ lg., metallisch blau oder grün; Rüssel lg., dünn; Fühler etwas gekrümmt; die fusslosen Lvn. zwischen tutenförmig zusammengerollten Blttrn. An Birken, Eichen, Hainbuchen. 2) *Apoderes Coryli.* 3-4‴ lgr. Rüsselkfr. mit rothen Flügeldecken; ganz so wie vorig. 3) an den Blätten der Pappelarten: *Chryomela populi* und *tremulae.* 4-5‴ lgr. Blattkfr., schwarzblau mit gelbrothen Flügeldecken, welche bei der 1. Art schwarze Spitzen haben. Kfr. und Lvn. skelettiren die Blätter namentlich der Wurzelbrut. 4) an Erlen: *(Chrysom.) Galleruca alni.* 2½-3‴ lge., dunkelstahlblaue Blttkfr., welche mit ihren grauen Lvn. die Blttr. junger Erlen ganz zernagen. 5) an Birken (und Weiden): *Galleruca capreae.* 2-3‴ lg., eirund, oben lederbraun, unten schwarz. Die Blätter junger Birken ganz zernagend. **b) Schmetterlinge und deren Raupen.** 1) an Weiden oft die Raupe von *Pap. Polychlorus* (s. Tafel V. Obstbäume). 2) an Erlen die Raupe von *Bomb. Dispar* (s. Tafel V. Obstbäume). 3) an Birken die Raupe von *Bomb. neustria lanestris* (s. Tafel V.). 4) an Pappeln: *Bomb. (Liparis) salicis.* Rpe.: 14‴ lg., hellgrau, auf dem Rücken eine Reihe gelber oder weisser Schildflecke, auf jeder Seite derselben eine Reihe rother, braungelb behaarter Warzen, neben diesen dann ein gelber Streifen und unter diesem wieder rothe, behaarte Warzen; vom 8. an bis 6. im nächsten Jahre. Schm.: 2″ breit, rein weiss, im 7. **c) Blattwespenraupen** (= Aftrpe). an Birken, Erlen und Pappeln: Im Frühling u. Herbst die 20füss., über 1″ lge., blass bläulichgüne, schwarzköpfige, schwarzgefleckte Aftrpe. d. *Nematus septentrionalis.* **d) Pflanzenläuse** (Blttl. = Blattlaus). 1) *Aphis Tremulae.* Zwischen den büschelweise zusammengezogen. Blttrn. an der Spitze der Silberpappeltriebe. 2) *Aphis bursaria.* Schwarzgrüne, wollige Blttl. in d. rothangelaufenen Blasen oder in zusammengerollten Blättern der Pappel-Arten.

IV. Insecten an Becherfrüchtlern, Eschen, Ulmen, Ahornen und Linden.

<table>
<tr><td>an Stamm-
theilen,</td><td>

a) Käfer und deren Larven.
α) **Borkenkäfer** (Bostrichinen).
   1) in gedrückten Buchenstämmen: *Bostrichus domesticus.* Kfr.: 1,₆-1,₉''' lg., walzig, auf den Flügeldecken abwechselnd dunkel- und hellbraun gestreift.
   2) in Eichen: Kfr. 2'''' lg , mit eingedrücktem Bauch; Kfrgg. wagrecht, Lvngg. oben u. unten senkrecht auf denselben: *Eccoptogaster intricatus.* Namentl. in 20jähr. Stämmen
   3) in Ulmen: *Eccoptogaster Scolytus.* Kfr.: 2-2¹/₂''' lg , braun oder schwarzgefleckt; Kfrgg.: unregelmässig senkrecht; Lvengg.: von der Kfrgg. abgehend. — *Eccoptogaster multistriatus.* Kfr. 1¹/₂''' lg., braun, am Bauch mit grossem Zapf.; Kfrgg.: senkrecht, 1'' lg ; Lvengg.: regelmässig strahlig abgehend.
   4) an Eschen: *Hylesinus fraxini.* Kfr. 1¹/₂''' lg.; schwarz, gelbroth gefleckt; Kfrgg: wagrecht (—⌣—), Lvengg.: oben und unten senkrecht auf den Kfrggn.
β. **Bockkäfer** *(Cerambyx).*
   1) in Eichen: *Cer. Heros.* Lve: 2-3 '' lg., gelblichweiss, fusslos, 1. Kprring. gross, flach, stumf, 4kantig, am Rande gelbröthl, Kopf klein; grosse geschlängelte Gänge in dem Holze nagend. Kfr.: 18-22'''' lg., schmal gewölbt, schwarzbraun, Halsschild bedornt; Fühler sehr lang, knotig borstenförmig. Im 6-7.
   2) in Haseln: *Cer. (Saperda) linearis.* Lven: 10-12''' lg., fusslos, gelb; die Markröhre der jungen Aeste ausnagend, so dass die Knospen verdorren. Kfr.: 6'''' lg., dünn, schwarz mit gelben Beinen und langen Borstenfühlern; im 5-6.
γ) **Prachtkäfer** *(Buprestis).*
   in zolldicken Buchenstämmchen Gänge nagend: *Buprestis fagi* und *nociva.* Kfr.: 2¹/₂-3¹/₂''' lg., flach, gestreckt, metallisch blau oder grün, mit kurzen, gesägten Fühlern. Lvn.: 5''' lg., flach , fussloss, weissl., mit sehr grossem, kugeligem, 1. Körperringe (und einer gesägten Zange am After). Vom 7. an fast 2 Jahre nagend.
b) Schmetterlinge und deren Raupen.
   Cossus ligniperda (s. Tafel III.).
   Cossus Aesculi. Rpe.: 1¹/₂'' lg.; 16füss., fast nackt, gelblich, schwarz punktirt; mit gezähntem, schwarzem Nackenschild. — In allen Laubhölzern, am meisten aber in jungen Birken und Erlen Gänge nagend. Schm.: 2¹/₄'' br., weissglänzend, stahlblau gefleckt, mit stahlblauen Hinterleibsgürteln; im 6-7.

</td></tr>
<tr><td>an Blättrn.,
(Knospen
u Frücht.)</td><td>

a) Käfer und deren Larven.
   1) An allen Laubhölzern: **Maikäfer** *(Melolontha vulgaris).*
   2) An Eichen u. Hainbuchen: *Rhynchites Betuleti* u. *Apoderes Coryli* (v. Taf. III.) *Curculio viridicollis.* 1²/₃''' lg. Rüsselkäf. mit geknickt. Fühlern am Ende, schwarzbraun, am Kopf und Halsschilde schön grün.
   3) an Buchenblüthen und dieselben zerströrend: *Orchestes fagi.* ¹/₂-1''' lg , fast kugeliger, springender, bräunlichschwarzer Rüsselkäfer; im 5-7.
   4) an Buchenpflanzen: *Haltica oleraca.* 1-2''' langer, länglicheirunder, stahlblauer, springender Blattkäfer.
   5) an Eschen: *Lytta vesicatoria.* Kfr. 8-10''' lg., grün, kupferglänzend.
b) Schmetterlinge und deren Raupen.
   1) an vielerlei Laubhölzern: *Bombyx dispar, chrysorrhoca, lanestris, neustria, brumata* und *defoliaria* (siehe Taf. V. die Obstbäume).
   2) an Eichen:
   Bombyx (Gastropacha) processionea. Rpe: über 1'' lg., 16füss., unten grünlich., oben dunkelbläulichgrau, auf dem Rücken schwärzlich, fein behaart, auf jedem Ringe 4-8 neben einanderstehende rothbraune, lange und weisslich behaarte Knöpfe, in der Mitte des Rückens ein rostbrauner, widerhakig behaarter Fleck; in grossen Sackgespinnsten lebend und in regelmässigen Zügen wandernd. Im 5-6. Schm.: 1¹/₂'' br.; Vorderflgl. bräunlichgrau mit 2 dunkeln Querbinden; Hinterflügel weisslich; Leib dick, bräunlich, mit dickem Afterbart. Im 8-9
   Tortrix viridana. Rpe.: 6−8''' lg., 16füss., unrein-grün, haarig-warzig; nicht nur die Blätter, sondern auch die Knospen, namentlich der Stieleichen zernagend, im 5-6. Schm. bis 9''' breit; Vdrflgl. grün, Hinterflgl. weisslich, im 6-7.
   Tinea complanella. Innerhalb der Eichenbllätter Gänge nagend.
   3) an Buchen:
   Bombyx (Orgyia) pudibunda. Rpe.: 1¹/₄ '' lg., 16füss., grünlichgelb oder röthlich, dicht behaart; auf dem 4-7 Ringe gelbliche oder bräunliche Haarbürsten und zwischen denselben schwarze Einschnitte; auf dem Afterring ein rother Haarpinsel; vom 7-10. Schm.: bis 2'' br., weissgrau, auf den Vdrflgln 2-3 schwarzbraune Querwellenlinien; im 5-6.
c) Gallwespen: an den Eichenblättern *Cynips quercus folii, longirostris;* an den weibl. Blüthenknospen in hopfenzapfenartig. Auswüchsen der *Cynips foumdatrix* an den Endknospen in apfelähnl. Auswüchsen der *Cyn. terminalis;* an den Eichelblättern die faltigen, holzigen Knopern der *Cyn. calycis.*
d) Blattläuse: an den Ulmenblättern *Aphis Ulmi,* an der Unterseite der Blttr. und *Aphis lanuginosa* in Blasen an den Blttrn. — An Lindenblättern: *Aphis tiliae.*
e) Gallmücken: an Buchenblttrn.: *Tipula Fagi* in kegelförm., hartschalig. Blasen.

</td></tr>
</table>

V. Insecten an den Obstbäumen, namentlich an den Drupaceen und Pomaceen.

<table>
<tr><td valign="top">

an Stamm
theilen.
(Stamm,
Aesten,
Zweigen,
Trieben).

</td><td>

a. Käfer und deren Larven (Lvn).

1. *Bostrichus dispar*, namentl. in kräftigen Apfelbäumen, sowohl in d. Stämmen, wie in d. Aesten. *Kfr.*: 1—1½'·' lg., walzig, gedrungen, Halsschild fast kugelig, fast so lang als d. Hinterleib; stark behaart, schwarz oder braun. Ihre leiterähnl. Gänge dringen ins Holz ein. — Mit ihm kommt auch vor *Bostr. domesticus*, siehe Taf. IV. bei d. Buchen.

2. *Eccoptogaster pruni* in Pflaumenbäumen, vorzügl. in d. Aesten. *Kfr.*: 1½—2''' lg., dunkelschwarzbraun; Halsschild stumpf 4eckig; Flgl. hinten stark verschmälert.

3. *Eccoptog. rugulosus* in Pflaumen- u. Apfelbäumen an Aesten u. jungen Stämmen. Kfrgänge senkrecht, 1—2'' lg.; Lvngänge sehr dicht neben einander, gebogen, tief ins Holz eingreifend. *Kfr.*: 1—1¼''' lg.; Halsschild stark punctirt, fast so lang als d. Hinterleib; bräunlichschwarz.

b. Schmetterlingsraupen.

Cossus ligniperda: Rpe über 3'' lg, braunroth (s. Taf. III. Weiden, Pappeln) u. *Cossus aesculi*: Rpe. 1½'' lg, gelblich, schwarz punctirt (s. Taf. IV.) — Beide namentl. an Apfelbäumen.

</td></tr>
<tr><td valign="top">

an Blättrn,
Knospen u.
Blüthen.

</td><td>

a. Käfer.

1. an allen Obstbaumarten: Der Maikäfer *(Melolantha vulgaris* und *solstitialis)*

2. an Apfelblüthen u. Blüthenknospen: *Melolontha horticola*. *Kfr.*: 5½''' lg., im Bau dem Maikäfer ähnlich, metallisch grün, Flgldecken braun u. metallisch grün schimmernd; im 6. u. 7.

3. an d. Blüthenknospen der Apfelbäume: *Curculio (Anthonomus) pomorum*. *Lve*: 3''' lg., fusslos, querrunzelig, weissl., mit dickem schwarzem Kopf; in d. Knospen die Staubgefässe u. Fruchtknoten zerstörend. — *Kfr.*: 1⅔''' lg., gekrümmt, dünn, ¼ so lang, als d. gze. Kfr.; Fühler fast in d. Mitte des Rüssels, geknickt; dunkelbraun, aber mit grauen u. röthlichen Härchen dicht bedeckt; auf d. Flügeldecken eine schiefe, grau-röthliche Binde. Im 4.

4. auf allen Arten der Obstbäume, namentl. auf Birn- u. Aprikosenbäumen die Blüthen- u. Blattknospen anstechend u. später die jungen Sprossen abschneidend, so dass sie verwelken: *Curculio (Rhynchites) alliariae*. Rüsselkfr.: 2''' lg., glänzend stahlblau, lg. behaart, Halsschild stark punctirt. Im 5. Namentl. den Pfropfreisern in Baumschulen gefährlich.

5. auf allen Steinobstbäumen, namentl. Zwetschen: *Rhynchites cupreus*, ein 2''' langer, kupferbraun-glänzender Rüsselkfr., welcher im 4. u. 5. die Stiele der jungen Zwetschen und Kirschen halb durchschneidet, dann in die Früchte selbst ein Ei legt, dessen Lve. vom Fleische der Früchte lebt, so dass diese absterben u. abfallen.

b. Schmetterlingsraupen.

α. von **Tagfaltern (Papilio).**

1. an allen *Pomaceen und Drupaceen*: *Pap. (Pontia) Crataegi*. Rpe.: über 1'' lg., 16 füss., ungleich weiss, braun u. schwarz behaart, blaugrau, auf d. Rücken mit 3 schwarzen und 2 gelbbraunen Längsstreifen; vom Juli an bis zum nächst. Frühjahre gesellig zw. zusammengesponnenen Blttrn. (sogen. „grossen Rpnnestern") dann bis zum Juni zerstreut lebend und Blttr. u. Blthn. zerstörend. — Schm. 2½—3'' breit, weiss mit starken schwarzen Adern. — Eier gelb, in Häufchen von 150 Stück an d. Unterseite der Blttr.; im 5. u. 6.

2. an d. Blttrn. der Kirschenbäume oft die 1½'' lge. 16 füss., bläulichschwarze, mit ästigen Dornen besetzte Rpe. des *Pap. (Vanessa) polychloros* („grosser Fuchs").

β. von **Spinnern (Bombyx).**

1. an allen *Pomaceen u. Drupaceen*:

1. *Bomb. (Liparis) chrysorrhoea.* Rpe.: über 1'' lg., 16 füss., sternbüschelig, gelbbraun behaart, dunkelgraubraun; auf d. Rücken mit 2 rothen Längslinien; auf d 9. u. 10. Ringe eine rothe Warze u. über jedem Luftloche

</td></tr>
</table>

<table>
<tr><td valign="top">

anBlättern,
Knospen u.
Blüthen.

</td><td>

an d. Seiten ein weisses Haarbüschelchen; vom Juli an zwischen zusammengesponnenen Blttrn. („kleinen Rpnnestern“) bis zum 5. des nächst. Jahres gesellig, dann einzeln die Blttr. zernagend. — Schm.: 2″ breit, weiss, am After mit röthlichbraunem Haarbüschel, im 6.—7.

2. *Bomb. (Liparis) auriflua.* Dem Vorigen in Lebensweise ganz ähnlich, aber seltener.

3. *Bomb. (Liparis) dispar.* Rpe.: $2\frac{1}{2}$″ lg., 16füss., grau u. schwarz chagrinirt, mit weissl. Rückenstreifen, zu dessen Seiten 2 Reihen lang braun u. grau behaarter Warzen stehen, von denen die auf d. 5 ersten Ringen blau, die auf d. übrigen Ringen roth sind. — Schm. Männch.: $1\frac{3}{4}$″ br. braungrau mit dunkeln Zickzacklinien u. einem braunen < in der Mitte der Vdrflgl.; das Weib. $2\frac{1}{2}$″ br., schmutzig gelb-weiss mit ähnl. Zeichnungen wie das M., aber verloschener, im 8. — Eier in dicken Klumpen mit braungrauem Haarüberzüge an d. Rinde der Stämme u. Aeste.

4. *Bomb. (Gastropacha) neustria.* Rpe.: fast 2″ lg., 16füss., weich- u. dünnhaarig, graublau, mit weisser Rückenlinie, u. jederseits 3 rothe Längslinien: Kopf blau mit 2 schwarzen Augenpuncten; vom 4.—7., erst gesellig. — Schm.: $1\frac{1}{2}$″ br., ockergelb bis nelkenbraun, mit 2 Querstreifen, im 7. — Eier in Spiralringen an d. Trieben unter d. Gipfelknospe.

5. *Bomb. (Gastrop.) lanestris*, namentl. an **Kirschen und Pflaumen.** Rpe.: $1 - 1\frac{2}{3}$″ lg., bläulichschwarz, behaart, auf jedem Ringe mit 2 rothbraunen runden Haarflecken; in grossen Sackgespinnsten gesellig. — Schm.: $1\frac{1}{2}$″ br., bläulich rothbraun, in d. Mitte der Vrdrflügel ein kleines, weisses, 3eck. Fleckchen. — Eier in haarigen Spirallinien an d. Trieben.

γ. von **Eulen** (Noctua).: *Noctua (Episema) coeruleocephala.* Rpe.: $1\frac{1}{3}$″ lg., 16füss., kurz u. einzeln behaart, blassgrün mit 3 gelben Längsstreifen, schwarz punctirt, namentl. die Blttr. u. Blüthen der **Birnbäume** im 5. u. 6. zernagend.

δ. von **Spannern** (Geometra): an allen Arten der **Obstbäume.**
1. *Geometra brumata:* Rpe.: 7‴ lg., 10füss, graugrün od. gelbgrün mit dunkler Rückenlinie u. 3 hellen Seitenlinien, Kopf schwarz; zuerst die Knospen, dann die Blttr. zernagend. Schm. Männch. 10—12″ breit, bräunlgrau, röthl. schimmernd, mit mehreren dunkleren, bindenartigen Zickzacklinien. — Weibchen: graubraun mit ganz kurzen Flügelstumpfen, langen Füssen u. langen Fühlern; nur 4‴ lg. — Im 11. u. 12. — Eier: gelbl. an d. Knospen.

2. *Geometra defoliaria:* Rpe.: 9—10‴ lg., 10füss., schlank, nackt, oben röthlbraun, jederseits mit einem breiten gelben Streifen. — Schm. Männch.: $1\frac{1}{2}$″ br., trübgelb, rostbraun bestäubt, mit 2 dunkelbraunen, gezackten Querbinden auf d. Vdrflügeln. — Weib.: 5‴ lg, flügellos, ockergelb, schwarz gefleckt. — Lebensweise: wie vorige.

ε. von **Wicklern** (Tortrix) lebt in **Aepfeln u. Birnen** die röthliche Rpe. von *Tortrix (Carpocapsa) pomonana.*

ϑ. von **Motten** (Tinea) leben gesellig in grossen Gespinnsten zw. den Blttrn. der **Traubenkirsche, des Birnbaumes u. der Eberesche,** die grauen Rpen. der *Tinea padella* u. die gelben der *Tinea cognatella.*

</td></tr>
</table>

c. Blattläuse. Vor allen: *Aphis lanigera* (Blutlaus): wollig, weiss behaart, beim Zerdrücken einen blutrothen Saft gebend. **Die Aeste junger Apfelbäume** durch ihre Stiche tödtend. Ihre braunen Eier an d. Knospen.